转录因子KLF2、KLF3和KLF7 在鸡脂肪组织中的生物学功能研究

张志威　陈月婵　著

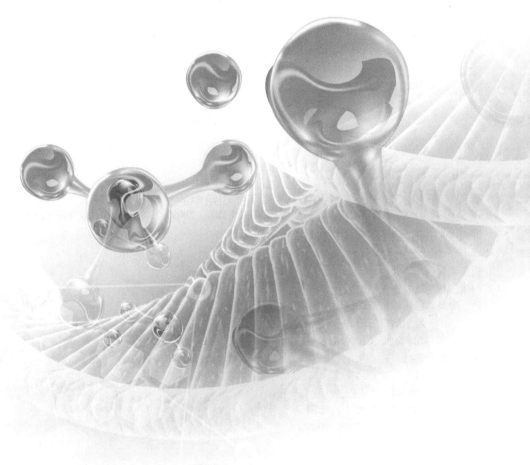

黑龙江大学出版社
HEILONGJIANG UNIVERSITY PRESS
哈尔滨

图书在版编目（CIP）数据

转录因子 KLF2、KLF3 和 KLF7 在鸡脂肪组织中的生物学
功能研究 / 张志威，陈月婵著 . -- 哈尔滨 ： 黑龙江大
学出版社，2021.7
ISBN 978-7-5686-0657-8

Ⅰ．①转… Ⅱ．①张… ②陈… Ⅲ．①鸡—脂肪组织
—研究 Ⅳ．① S831.2

中国版本图书馆 CIP 数据核字（2021）第 146673 号

转录因子 KLF2、KLF3 和 KLF7 在鸡脂肪组织中的生物学功能研究
ZHUANLU YINZI KLF2、KLF3 HE KLF7 ZAI JI ZHIFANG ZUZHI ZHONG DE SHENGWUXUE GONGNENG YANJIU

张志威　陈月婵　著

责任编辑	高　媛	
出版发行	黑龙江大学出版社	
地　　址	哈尔滨市南岗区学府三道街 36 号	
印　　刷	哈尔滨市石桥印务有限公司	
开　　本	720 毫米 ×1000 毫米　1/16	
印　　张	13.5	
字　　数	214 千	
版　　次	2021 年 7 月第 1 版	
印　　次	2021 年 7 月第 1 次印刷	
书　　号	ISBN 978-7-5686-0657-8	
定　　价	48.00 元	

前　　言

　　转录是遗传信息从 DNA 流向 RNA 的过程,是中心法则的重要组成环节。通过改变转录速率从而改变基因表达的水平的调控途径就是转录调控,发育生物学的研究表明,转录调控是调控人体和动物几乎所有组织和器官形成的关键调控途径。研究转录调控机制是揭示生命现象和人类复杂疾病背后的分子机制的有效途径。

　　脂肪组织是动物体内最为重要的能量储存器官,脂肪组织形成和功能异常直接导致多余能量物质无法正常储存而游离在循环系统中,造成代谢疾病和异位脂肪形成。以糖尿病为代表的代谢疾病及其引发的心血管疾病是当前人类面临的仅次于癌症的重大健康威胁。调控脂肪组织形成是治疗代谢疾病的有效途径,虽然已有的研究报道显示转录调控是脂肪组织形成的关键调控方式,但是目前我们获取的脂肪组织形成的分子机制的知识还很少,还不足以用来解释脂肪组织形成的机制在治疗人类代谢疾病方面的作用。

　　Krüppel 样转录因子(Krüppel – like factor, KLF)是一类动物体内普遍存在的高度保守的特异性转录因子,在动物生长发育和疾病发生等众多生命过程中发挥了重要调控作用。笔者采用鸡为模式动物,针对候选转录因子 KLF2、KLF3 和 KLF7,对脂肪组织形成的功能和分子机制进行了一系列研究。本书共包括 10 章,前两章是 KLF 在脂肪和肌肉组织中的功能的研究进展,后面 8 章采用多种分子生物学技术,从正向遗传学和反向遗传学两个角度针对 KLF2、KLF3 和 KLF7 在脂肪组织中的功能进行了研究,获得了一些转录因子 KLF2、KLF3 和 KLF7 参与调控鸡脂肪组织形成及其作用机制的资料,这对于揭示鸡脂肪组织形成的分子机制和从非啮齿类模式动物角度解释人类代谢疾病发生具有一定的参考价值。本书第 1 章~第 7 章由张志威撰写，共计 13.4 万字；第 8 章~第 10 章由陈月婵撰写，共计 8 万字。

本书适合生命科学领域的专业研究人员阅读，也可作为生命科学相关领域本科生的课外读物。本书的撰写和出版得到了国家自然科学基金项目"GATA2/3 在鸡腹部脂肪沉积中的功能及其表达调控机制的研究"（项目批准号：31960647）和"鸡腹部脂肪组织生长发育过程 *KLF*7 基因表达调控机制研究"（项目批准号：31501947）的资助，以及石河子大学青年创新人才计划项目"人 *KLF*7 基因表达的调控机制制研究"（项目编号：CXBJ201905）的资助。由于笔者业务水平和工作经验所限，书中难免存在不足之处，请读者批评指正。

张志威　陈月婵
2021 年 6 月

目　　录

第 1 章　KLF 与脂肪组织的综述 ·············· 1

1.1　KLF 的结构和功能特征 ··············· 1

1.2　KLF 在脂肪细胞分化中的作用 ·············· 3

1.3　脂肪细胞分化过程中 KLF 的顺序表达 ········· 8

1.4　研究展望 ······················· 10

参考文献 ························· 11

第 2 章　KLF 与肌肉组织的综述 ·············· 16

2.1　心肌中的 KLF ···················· 17

2.2　平滑肌中的 KLF ··················· 21

2.3　骨骼肌中的 KLF ··················· 26

2.4　研究展望 ······················· 28

参考文献 ························· 35

第 3 章　鸡 KLF2 的克隆、表达和功能研究 ········ 44

3.1　引言 ························· 44

3.2　材料和方法 ····················· 45

3.3　结果 ························· 50

3.4　讨论 ························· 57

参考文献 ························· 60

第 4 章　过表达 KLF2 调控鸡 PPARγ 和 C/EBPα 的
　　　　启动子活性 ···················· 62

4.1　引言 ························· 62

4.2　材料和方法 ····················· 63

4.3　结果 ……………………………………………………… 66

4.4　讨论 ……………………………………………………… 70

　　参考文献 …………………………………………………… 72

第5章　鸡 *KLF*3 的克隆、表达和功能研究 ………………… 76

5.1　引言 ……………………………………………………… 76

5.2　材料和方法 ……………………………………………… 77

5.3　结果 ……………………………………………………… 82

5.4　讨论 ……………………………………………………… 92

　　参考文献 …………………………………………………… 96

第6章　鸡 *KLF*7 基因的克隆、表达和多态性研究 ………… 99

6.1　引言 ……………………………………………………… 99

6.2　材料和方法 ……………………………………………… 108

6.3　结果 ……………………………………………………… 112

6.4　讨论 ……………………………………………………… 118

　　参考文献 …………………………………………………… 120

第7章　KLF7 调节鸡前脂肪细胞的增殖和分化 …………… 122

7.1　引言 ……………………………………………………… 122

7.2　材料和方法 ……………………………………………… 123

7.3　结果 ……………………………………………………… 128

7.4　讨论 ……………………………………………………… 135

　　参考文献 …………………………………………………… 137

第8章　鸡 KLF7 可能的辅助因子 FBXO38t1 ……………… 139

8.1　引言 ……………………………………………………… 139

8.2　材料与方法 ……………………………………………… 141

8.3　结果 ……………………………………………………… 146

8.4　讨论 ……………………………………………………… 158

　　参考文献 …………………………………………………… 161

第 9 章　鸡 KLF7 的第三个 C2H2 锌指结构在脂肪组织中的

转录调控功能研究 ·· 162

9.1　引言 ·· 162

9.2　材料和方法 ·· 163

9.3　结果 ·· 166

9.4　结论 ·· 174

参考文献 ·· 174

第 10 章　DNA 甲基化与鸡腹部脂肪组织 *KLF7* 表达水平

和血液代谢参数的关系 ······································ 176

10.1　引言 ··· 176

10.2　材料和方法 ··· 177

10.3　结果 ··· 179

10.4　讨论 ··· 202

参考文献 ·· 207

第1章　KLF 与脂肪组织的综述

近几十年来,脂肪细胞生物学一直是生命科学研究的热点之一。研究表明,脂肪细胞的分化过程是高度组织和精确调控的,其中转录因子在脂肪细胞的分化过程中起着关键作用。Krüppel 样转录因子(Krüppel – like factors, KLF)家族有多个成员参与脂肪细胞分化过程的调控,体内和体外的实验都表明,KLF 在脂肪细胞分化中发挥重要的调控作用。

1.1　KLF 的结构和功能特征

Sp1 样蛋白和 KLF 的羧基端都具有 3 个高度相似的 C2H2 锌指结构,因此人们将这两类转录因子统称为 Sp1 样/Krüppel 样转录因子家族(Sp/KLF)。Sp/KLF 在从线虫到人类的多个物种中普遍存在,一般来说,高级的物种具有较多种类的 Sp/KLF 蛋白。NCBI 数据库显示,果蝇仅有 3 种 Sp/KLF 蛋白,但目前预测人体内存在的 Sp/KLF 蛋白有 25 种,已经克隆出了 24 种(Sp9 尚未被克隆)。根据序列和结构相似性,Sp/KLF 分为 3 个亚家族。亚家族 Ⅰ 包括与 Sp1 最相似的 9 个成员,分别被命名为 Sp1 ~ Sp9,亚家族 Ⅱ 包括 KLF1 ~ KLF8 和 KLF12,亚家族 Ⅲ 包括 KLF9 ~ KLF11、KLF13、KLF15 和 KLF16。其他物种的 Sp/KLF 蛋白命名方式与人类 Sp/KLF 蛋白相同,根据其与已知物种(主要为人或鼠)Sp/KLF 蛋白的同源性来确定具体名称。一般情况下,KLFs 指 Sp/KLF 蛋白亚家族 Ⅱ 和 Ⅲ 的成员。

KLF 结构特征是在其羧基端存在 3 个连续的 C2H2 锌指结构。KLF 的锌指结构具有高度保守性,各成员锌指结构的序列相似性达 65%,3 个 C2H2 锌指结构的氨基酸序列都可以表示为 C – X2 – 5 – C – X3 – (F/Y) – X5 – ψ – X2 – H – X3 – 5 – H(1 个字母代表 1 个氨基酸残基),其中 X 代表任意氨基酸,ψ 代表疏水氨基酸。KLFs 的锌指结构域长度是固定的,前两个锌指结构含有 23 个氨基酸,第三个锌指结构含有 21 个氨基酸。锌指结构的间隔序列由 7 个高度保守的氨基酸构成,其氨基酸序列为 TGE(R/K)(P/k/r)(F/y)X[图 1 – 1 (a)]。KLF 的锌指结构主要参与 DNA 的结合,也可以通过蛋白互作来发挥转录调节功能。KLF 的转录调节结构域位于其氨基端,该结构域在不同家族成员中保守性差,可能是各家族成员功能多样的原因之一。例如 KLF1、KLF2 和 KLF4 的转录调节结构域富含酸性氨基酸,而处于同一亚家族的 KLF3、KLF8 和 KLF12 转录调节结构域的核心却是 PVALS/T 模序[图 1 – 1(a)]。部分 KLF 含有核定位序列(NLS),如 KLF1、KLF2、KLF4、KLF9、KLF13 和 KLF16[图 1 – 1 (b)],NLS 一般邻近或包含在锌指结构域中。

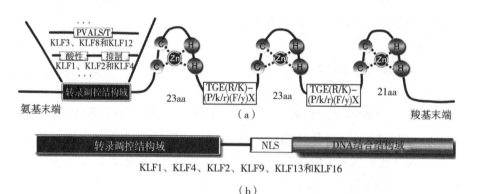

图 1 – 1 KLF 分子的示意图

图 1 – 1(a)中,KLF 的 3 个 C2H2 锌指结构位于羧基末端,每个锌指结构螯合 1 个锌离子。这些锌指结构由"TGE(R/K)(P/k/r)(F/y)X"样模序连接。转录调控域位于分子的氨基末端。图 1 – 1(b)中,KLF1、KLF2、KLF4、KLF9、KLF13 和 KLF16 在锌指结构附近有 1 个保守的核定位信号(NLS)序列。

KLF 通过锌指结构识别并结合靶基因 DNA 序列,由于它们的锌指结构保守性较高,因此 KLF 成员具有相似的转录因子结合位点。KLF 识别和结合的

DNA 序列为富含 GC 的模序,如 CACCC/GC - box。KLF 成员对 CACCC/GC - box 的结合具有竞争性。体内和体外的实验均表明,KLF2、KLF4 和 KLF5 可结合相同的 DNA 结合位点,KLF1 和 KLF3 可以竞争同一个 DNA 结合位点。如果锌指结构中某些关键氨基酸残基发生改变,就会导致其结合 DNA 的能力改变,锌指结构间的间隔序列也会影响锌指结构蛋白与 DNA 的结合。

KLF 靶基因众多,它们参与细胞的增殖、凋亡、分化、胚胎发育,以及生物体其他重要生理活动。已报道的靶基因有细胞周期蛋白 D(cyclin D)、过氧化物酶体增殖物激活受体 γ(peroxisome proliferator - activated receptor γ, PPARγ)、同源阅读框基因 a10(homeobox a10, Hoxa10)、生长激素受体基因(growth hormone receptor gene, GHR)和胰岛素样生长因子结合蛋白 2(insulin - like growth factor - binding protein - 2, IGFBP2)等。KLF 功能各异,有的激活靶基因表达,有的抑制靶基因表达,有的既可激活又可抑制靶基因表达。同一个 KLF 因其结合的启动子或与之互作的辅助调节因子不同,而发挥不同的调控作用。例如 KLF9 对启动子含有多个 GC - box 的基因具有激活作用,但对启动子仅含有一个 GC - box 的基因却具有抑制作用。此外,研究发现一些 KLF 能调控自身或其他 KLF 的表达。

1.2　KLF 在脂肪细胞分化中的作用

转录调控是脂肪细胞分化最重要的调节方式。PPARγ 是脂肪细胞分化调控最关键的转录因子,它是脂肪组织分化的充分必要条件。此外,C/EBP(CCAAT - enhancer - binding proteins)家族转录因子和 SREBP1(sterol regulatory element binding protein 1)等也在脂肪细胞分化中起着重要的作用。近年来的研究结果表明,KLF 家族转录因子在脂肪细胞分化中发挥了重要作用,已发现多个 KLF 家族的转录因子参与了脂肪细胞分化调控。KLF 转录因子在脂肪细胞分化和肥胖症等中的作用及其机制研究已成为脂肪细胞生物学研究的热点之一,不断有新的研究成果出现。目前,已证实 KLF2 ~ KLF7 和 KLF15 参与脂肪细胞分化的调控,其中 KLF4 ~ KLF6 和 KLF15 是脂肪细胞分化的正调控转录因子,而 KLF2、KLF3 和 KLF7 为脂肪细胞分化的负调控转录因子。

1.2.1 作为脂肪细胞分化正调控因子的 KLF 家族成员

1.2.1.1 KLF4

KLF4 最初从胃肠道中分离出来,又被称为肠道 KLF(gut Krüppel – like factor, gKLF)。KLF4 是脂肪细胞分化早期所需的转录调节因子之一,3T3 – L1 前脂肪细胞在诱导分化后 30 min,*KLF4* 基因就开始表达。3T3 – L1 前脂肪细胞分化诱导剂(cocktail)中的 3 – 异丁基 – 1 – 甲基黄嘌呤(isobutylmethylxanthine, IBMX)通过环腺苷酸(cAMP)信号通路诱导细胞 *KLF4* 基因表达,表达产生的 KLF4 直接结合于 *C/EBPβ* 的启动子上,并与 Krox20 发生协同作用,激活 *C/EBPβ* 基因的表达,进而激活下游的脂肪细胞分化的级联反应,促进脂肪细胞分化(图 1 – 2)。敲除 *KLF4* 基因会导致 *C/EBPβ* 的相对表达量下降和脂肪细胞分化被抑制。此外,实验结果表明,*KLF4* 基因受到 *C/EBPβ* 的严格反馈调节,当 *C/EBPβ* 相对表达量上调时,*KLF4* 的相对表达量会发生下调。

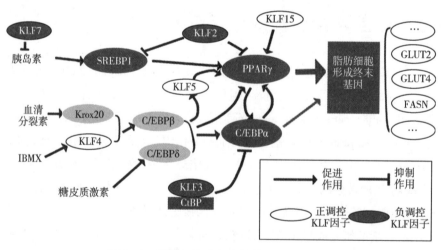

图 1 – 2 脂肪细胞分化中的转录调控网络

1.2.1.2　KLF5

KLF5 除在血管生成和血管损伤修复过程中发挥作用外,同时也对白色脂肪组织的分化具有调控作用。KLF5$^{-/-}$小鼠在 E8.5 之前死亡,KLF5$^{+/-}$小鼠可以正常存活。三日龄的 KLF5$^{+/-}$小鼠较同期的野生型小鼠白色脂肪组织明显减少,组织学检查结果显示,细胞数并没有减少,只是脂肪细胞体积减小了,但四周龄 KLF5$^{+/-}$小鼠的白色脂肪组织与野生型小鼠没有差别。这一结果提示了降低 KLF5 表达可延迟白色脂肪组织细胞分化。此外,研究发现,来源于 KLF5$^{+/-}$小鼠的胚胎干细胞向脂肪细胞分化存在明显缺陷。在 3T3 - L1 前脂肪细胞分化过程中,KLF5 基因表达发生在分化的早期,先于 PPARγ 基因的表达。KLF5 基因的显性突变体抑制脂肪细胞的分化,而过表达 KLF5 基因在无激素刺激的情况下就可以引发脂肪细胞的分化。KLF5 在脂肪细胞分化中的作用机制为:在脂肪细胞分化早期,C/EBPβ 基因和 C/EBPδ 基因首先表达,二者的表达产物直接结合 KLF5 基因的启动子,激活 KLF5 基因表达,表达产生的 KLF5 再结合 PPARγ 基因的启动子,激活 PPARγ 基因表达,从而促进脂肪细胞分化。KLF5、C/EBPβ 及 C/EBPδ 对 PPARγ 的表达具有协同作用,三者共同激活 PPARγ 基因的转录(图 1 - 2)。此外,KLF5 还可与 SREBP1 发生蛋白互作,提高 SREBP1 介导的脂肪酸合成酶(fatty acid synthase, FASN)基因表达,促进脂肪细胞的分化。

1.2.1.3　KLF6

KLF6 在多种组织中表达,它在脂肪细胞的分化过程中也发挥调控功能。虽然过表达 KLF6 基因不能导致脂肪细胞分化,但降低其表达量会抑制脂肪细胞分化。KLF6 通过抑制前脂肪细胞因子(pre - adipocyte factor 1,PREF1)基因表达,参与脂肪细胞分化的调控。PREF1 是一种脂肪细胞分化的抑制剂,它通过 Notch 信号通路抑制前脂肪细胞向脂肪细胞的分化(图 1 - 2)。在 3T3 - L1 细胞中过表达 PREF1 基因会抑制脂肪细胞的分化,而敲除 PREF1 的小鼠表现为生长延迟、骨骼异常和肥胖等。

1.2.1.4　KLF15

KLF15 主要参与心脏肥大通路(hypertrophic pathway),在确保心脏对有生理应激信号产生适当反应中发挥作用。近年来研究人员发现,它对脂肪细胞的分化也具有调控作用。基因表达芯片分析结果显示,在 3T3 - L1 前脂肪细胞化过程中,*KLF*15 的相对表达量显著上调。在 NIH - 3T3 或者 C2C12 细胞中异位表达 KLF15 可以引起脂滴沉积和 *PPARγ* 基因的表达。应用 RNAi 干扰或显性突变体抑制 *KLF*15 基因功能,可以导致 *PPARγ* 基因相对表达量下降,脂肪细胞分化被抑制。抑制 *KLF*15 基因表达并不会影响 *C/EBPβ* 和 *C/EBPδ* 基因表达,这说明 *KLF*15 作用于 *PPARγ*,而不是其上游的 *C/EBPβ* 和 *C/EBPδ*。另外,在 NIH - 3T3 细胞中的实验表明,*C/EBPβ* 和 *C/EBPδ* 都可单独作用促进 KLF15 基因的表达。*C/EBPβ* 和 *C/EBPδ* 在分化前期作用于 *PPARγ* 基因,引发脂肪细胞的分化,而 *KLF*15 的主要作用是在 *C/EBPβ* 和 *C/EBPδ* 的相对表达量下降后继续维持 *PPARγ* 的表达(图 1 - 2),进而维持脂肪细胞的末期分化状态,*C/EBPβ*、*C/EBPδ* 和 KLF15 在脂肪细胞分化的过程中存在协同作用。同时,*KLF*15 还可以诱导葡萄糖转运蛋白 4(glucose transporter 4 gene, GLUT4)的表达,促进脂肪细胞成熟。

1.2.2　作为脂肪细胞分化负调控因子的 KLF 家族成员

1.2.2.1　KLF2

KLF2 在肺中高表达,故又被称为肺组织 KLF(lung Krüppel - like factor, lKLF)。研究发现,*KLF*2 基因也在脂肪等组织中表达,它在小鼠白色脂肪组织和棕色脂肪组织中均呈高表达。关于前脂肪细胞系和原代前脂肪细胞的研究结果都表明,*KLF*2 仅在前脂肪细胞中表达,而在成熟脂肪细胞中不表达。KLF2 不影响前脂肪细胞的定型(commitment),它的主要作用是维持前脂肪细胞状态。在脂肪细胞分化的过程中,KLF2 结合于其靶基因 *PPARγ* 的启动子,抑制 *PPARγ* 启动子活性,导致 *PPARγ* 基因表达下降,从而抑制脂肪细胞的分化(图 1 - 2)。KLF2 对 *PPARγ* 上游的 *C/EBPβ* 和 *C/EBPδ* 基因没有影响,但是它对 *C/EBPα* 和 *SREBP1c/ADD1*(adipocyte determination - and differentiation - dependent factor 1)基因具有抑制作用。此外,KLF2 还可通过促进 *PREF*1 基因的表达来维持前脂肪细胞状态,从而抑制脂肪细胞分化。

1.2.2.2　KLF3

　　KLF3 又称碱性 KLF 因子(basic Krüppel – like factor, bKLF),最近的研究发现,KLF3 也在脂肪细胞分化中发挥调控作用。*KLF*3 基因敲除小鼠(*KLF*3$^{-/-}$)比正常小鼠拥有较少的白色脂肪组织,其脂肪细胞无论是数量还是大小都小于正常小鼠。3T3 – L1 前脂肪细胞分化研究表明,*KLF*3 基因的表达量随着脂肪细胞的分化而下降,过表达 *KLF*3 基因抑制 3T3 – L1 脂肪细胞分化。进一步的研究表明,KLF3 是通过募集辅助抑制因子 C – 末端结合蛋白(C – terminal binding protein, CtBP)形成 KLF3 – CtBP 抑制复合体,并结合于 *C/EBP*α 启动子上的 KLF 结合位点,抑制 *C/EBP*α 基因表达(图 1 – 2),从而抑制脂肪细胞的分化。不能结合 CtBP 的 *KLF*3 突变体不能抑制脂肪细胞的分化。体外细胞培养研究表明,*KLF*3 具有抑制脂肪细胞分化的功能,但是 *KLF*3 敲除小鼠的白色脂肪组织却在减少。推测产生这种现象的原因有两个:(1)C/EBPα 具有抑制细胞有丝分裂的功能,在体外细胞培养过程中,过表达 *KLF*3 基因导致 *C/EBP*α 基因表达抑制,从而抑制脂肪细胞分化,而在敲除 *KLF*3 基因小鼠体内,*C/EBP*α 这种有丝分裂抑制基因的过早表达,影响了前脂肪细胞的数量扩增,导致小鼠白色脂肪组织细胞减少;(2)可能是其他间接因素导致了白色脂肪组织的减少。*KLF*3 基因在众多组织中广泛表达,*KLF*3 的敲除可能引发某些组织及其功能的变化,这些变化又进一步影响到了小鼠的生理或行为,导致 *KLF*3$^{-/-}$ 小鼠的进食量较正常小鼠减少,从而使其积累的能量减少,最直接的表现就是白色脂肪组织的减少。

1.2.2.3　KLF7

　　KLF7 在成体组织中以低水平广泛表达,所以又称 UKLF(ubiquitous Krüppel – like factor)。RT – PCR 表达分析结果显示,*KLF*7 基因在 3T3 – L1 前脂肪细胞高表达,但随着细胞分化,*KLF*7 基因表达量下降。在 3T3 – L1 细胞中过表达 *KLF*7 基因会显著抑制脂肪细胞的分化。KLF7 通过抑制葡萄糖转运蛋白 2 基因(glucose transporter 2 gene, *GLUT*2)的表达,抑制人脂肪细胞的成熟,此外,KLF7 还可以抑制葡萄糖诱导胰腺 β 细胞分泌胰岛素,从激素水平抑制脂肪细胞的分化(图 1 – 2)。

过氧化物酶体增殖物激活受体 γ(PPARγ)是脂肪生成的转录调节网络的核心,CCAAT 增强子结合蛋白(C/EBPs)和甾醇调节元件结合蛋白 1(SREBP1)也是脂肪细胞分化的重要调节因子,并参与转录调控 *PPARγ* 及其上下游基因表达的调控,*PPARγ* 下游基因包括葡萄糖转运蛋白 2 基因(*GLUT2*)、葡萄糖转运蛋白 4 基因(*GLUT4*)、脂肪酸合成酶基因(*FASN*)等。

1.3　脂肪细胞分化过程中 KLF 的顺序表达

从目前的研究结果看,在脂肪细胞分化过程中,KLF 家族成员存在顺序表达,即参与脂肪细胞分化的 KLF 家族成员分别在不同的分化阶段表达。细胞体外研究显示:*KLF2* 在前脂肪细胞中表达,脂肪细胞分化开始后 *KLF2* 相对表达量就开始迅速下调;*KLF3* ～ *KLF5* 和 *KLF7* 在脂肪细胞分化早期表达,随着分化的继续它们的相对表达量逐渐下调;*KLF15* 紧随 *KLF5* 之后表达,脂肪细胞分化后期 *KLF15* 相对表达量达到最大,并且在整个脂肪细胞成熟期维持高丰度表达。

KLF 的顺序表达与脂肪细胞分化过程中基因表达调控有关。KLF 成员具有相似的 DNA 结合域,但是各自 DNA 的亲和力和转录调节域不同,因此,它们的转录调节作用不同。*PPARγ* 是多个 KLF 的靶基因,在脂肪细胞分化过程中,*PPARγ* 启动子结合的 KLF 成员会发生交换,不同的 KLF 通过招募不同的转录辅助调节因子,精确调控 *PPARγ* 基因的表达。具体来说,在前脂肪细胞状态下,KLF2 结合 *PPARγ* 启动子上的 KLF 转录因子结合位点,抑制 *PPARγ* 的表达,到了分化早期,KLF2 由 KLF5 替代,*PPARγ* 启动子表达,分化后期,KLF5 则由 KLF15 取代,继续维持 *PPARγ* 的表达,促进和维持脂肪细胞的分化[图 1-3(a)]。类似的情况也可能存在于 KLF 的其他靶基因,例如 GLUT4、KLF2、KFl4 和 KLF15 都可以结合在 *GLUT4* 基因启动子的 KLF 结合位点,调控 *GLUT4* 基因的转录,在前脂肪细胞中高表达的 KLF2 和脂肪细胞分化早期开始表达的 KLF4 都抑制 *GLUT4* 的表达,脂肪细胞分化后期表达的 KLF15 对 GLUT4 的表达具有激活作用[图 1-3(b)]。KLF 的这种调节方式可以更加高效、精确地调节其靶基因的表达。

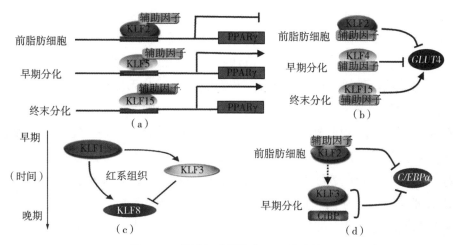

图 1 - 3　转录级联调控中 KLF 的串扰

　　图 1 - 3(a)是 E. D. Rosen 和 O. A. Macdougald 提出的猜想:脂肪形成时,抑制脂肪细胞形成的 KLF 被促进脂肪形成的 KLF 取代,这些 KLF 与 $PPAR\gamma$ 启动子中相同(或附近)顺式元素结合发挥调控作用,这一过程可能需要不同的辅助因子协助。图 1 - 3(b)为 KLF2、KFL4 和 KLF15 在脂肪形成过程中的不同阶段对 $GLUT4$ 基因的调节。图 1 - 3(c)表明,KLF1、KLF3 和 KLF8 被发现在调节红细胞生成的转录调控网络中形成了一个递阶调节的网络。图 1 - 3(d)表明,KLF2 和 KLF3 可以调节 $C/EBP\alpha$ 的表达,KLF2 也能促进前脂肪细胞中 $KLF3$ 的表达。

　　此外,KLF 的顺序表达与其成员间的等级调控(hierarchical regulation)密切相关。研究发现,有些 KLF 家族成员可以调控同一家族的其他成员的表达,因此 KLF 成员在基因表达上的先后顺序表现出规律性。这些先后表达的 KLF 在功能上既可表现为协同作用,也可表现为拮抗作用。通过红细胞生成(erythro-poiesis)的调控研究发现,在小鼠红细胞中 $KLF1$ 基因首先表达,其表达产物通过结合于 $KLF3$ 启动子上的 CACCC 位点,激活 $KLF3$ 基因表达,KLF1 对于细胞生成调控网络下游的靶基因起转录激活作用,而 KLF3 起转录抑制作用,两者表现为拮抗作用。KLF3 与 KLF1 竞争靶基因启动子的 CACCC 位点,避免 KLF1 可能引发的靶基因过度表达,从而精确调控下游基因表达。已有研究证实,在体内 KLF1 激活 $KLF8$ 基因表达,而 KLF3 抑制 $KLF8$ 基因的表达,KLF1、KLF3

和 KLF8 共同组成等级调控网络[图 1−3(c)]。现有的研究成果显示,KLF 家族的 *KLF1*、*KLF2* 和 *KLF4* 基因一般于早期表达,它们可以在不同组织或细胞中激活或抑制一大批其他 KLF 家族成员的表达。目前,对于脂肪细胞分化过程的 KLF 家族成员间的等级调控的研究报道还很少,因此无法构建精确的调控网络。由于 KLF2 高表达于前脂肪细胞,是目前已知的脂肪细胞分化过程中最早表达的 KLF 因子,因此推测,在脂肪细胞分化过程中,KLF2 处于整个 KLF 家族成员间相互调控的金字塔顶部位置,其他后期表达的 KLF 都可能直接或间接受到它的调控。有研究证实,脂肪细胞开始分化后,*KLF3* 的相对表达量随着 *KLF2* 相对表达量的下降而降低,在脂肪细胞分化过程中 *KLF3* 基因的表达可能被 KLF2 激活。KLF2 和 KLF3 都可与 *C/EBPα* 启动子结合,抑制 *C/EBPα* 的表达,二者可能构成了一个类似于红细胞生成调控中的 KLF 等级调控网络[图 1−3(d)]。推测在前脂肪细胞中 KLF2 抑制 *C/EBPα* 的表达,阻止细胞过早分化,并且维持一定表达水平的 KLF3,随着脂肪细胞开始分化,*KLF2* 相对表达量下降,KLF3 取代 KLF2 发挥抑制 *C/EBPα* 表达的功能,随着分化的进行,*KLF3* 基因相对表达量下降,KLF 对 *C/EBPα* 的抑制作用逐渐消除。

1.4 研究展望

KLF 家族成员参与细胞增殖、分化及凋亡等多种细胞活动,KLF 家族成员的作用具有多样性,既可作为转录因子直接结合 DNA,调控基因的表达,又能与其他转录因子、转录辅助因子等发生蛋白互作,从而调控基因表达。KLF 家族成员具有相似的 DNA 结合结构域,但它们功能多样,相互间存在协同和竞争。在基因表达调控过程中,KLF 家族成员在其靶基因启动子上存在交换现象,研究 KLF 成员间的交换机制,对进一步深入了解脂肪分化的精细调控具有重大意义。

KLF 通过与转录辅助因子(cofactor)相互作用,调控基因表达。目前,仅研究确认了 KLF3 和 KLF4 等几个少数 KLF 的辅助因子,对其他 KLF 的辅助因子还不得而知。因此,分离和鉴定 KLF 的辅助因子,阐明其作用机制,将是 KLF 脂肪分化转录调控研究的重要内容之一。此外,KLF 基因自身的表达调控以及相关的细胞信号通路都有待于深入探索。

参考文献

[1]SUSKE G, BRUFORD E, PHILPSEN S. Mammalian Sp/KLF transcription factors: bring in the family[J]. Genomics, 2005, 85(5): 551 –556.

[2]KACZYNSKI J, COOK T, URRUTIA R. Sp1 – and Krüppel – like transcription factors[J]. Genome Biology, 2003, 4(7): 206.

[3]WOLFE S A, NEKLUDOVA L, PABO C O. DNA recognition by Cys2His2 zinc finger proteins[J]. Annual Review of Biophysics and Biomolecular Structure, 2000, 29: 183 –212.

[4]SONG C Z, KELLER K, MURATA K, et al. Functional interaction between co-activators CBP/p300, PCAF, and transcription factor FKLF2[J]. Journal of Biological Chemistry, 2002, 277(9): 7029 –7036.

[5]ZHANG W, KADAM S, EMERSON B M, et al. Site – specific acetylation by p300 or CREB binding protein regulates erythroid Krüppel – like factor transcriptional activity via its interaction with the SWI – SNF complex[J]. Molecular and Cellular Biology, 2001, 21(7): 2413 –2422.

[6]SONG A, PATEL A, THAMATRAKOLN K, et al. Functional domains and DNA – binding sequences of RFLAT – 1/KLF13, a Krüppel – like transcription factor of activated T lymphocytes[J]. Journal of Biological Chemistry, 2002, 277(33): 30055 –30065.

[7]SHIELDS J M, YANG V W. Two potent nuclear localization signals in the gut – enriched Krüppel – like factor define a subfamily of closely related Krüppel proteins[J]. Journal of Biological Chemistry, 1997, 272(9): 18504 –18507.

[8]PEARSON R, FLEETWOOD J, EATON S, et al. Krüppel – like transcription factors: a functional family[J]. International Journal of Biochemistry & Cell Biology, 2008, 40(7): 1996 –2001.

[9]BIEKER J J. Krüppel – like factors: three fingers in many pies[J]. Journal of Biological Chemistry, 2001, 276(6): 34355 –34358.

[10]BLACK A R, BLACK J D, AZIZKHAN – CLIFFORD J. Sp1 and Krüppel –

like factor family of transcription factors in cell growth regulation and cancer [J]. Journal of Cellular Physiology, 2001, 188(9): 143 – 160.

[11]JIANG J, CHAN Y S, LOH Y H, et al. A core KLF circuitry regulates self – renewal of embryonic stem cells[J]. Nature Cell Biology, 2008, 10 (3): 353 – 360.

[12] FUNNELL A P, MALONEY C A, THOMPSON L J, et al. Erythroid Krüppel – like factor directly activates the basic Krüppel – like factor gene in erythroid cells [J]. Molecular and Cellular Biology, 2007, 27 (7): 2777 – 2790.

[13]VELARDE M C, GENG Y, EASON R R, et al. Null mutation of Krüppel – like factor9/basic transcription element binding protein – 1 alters peri – implantation uterine development in mice[J]. Biology of Reproduction, 2005, 73 (9): 472 – 481.

[14]ZHANG X L, SIMMEN F A, MICHEL F J, et al. Increased expression of the Zn – finger transcription factor BTEB1 in human endometrial cells is correlated with distinct cell phenotype, gene expression patterns, and proliferative responsiveness to serum and TGF – beta1[J]. Molecular and Cellular Endocrinology, 2001, 181(1 – 2): 81 – 96.

[15]WU J, SRINIVASAN S V, NEUMANN J C, et al. The KLF2 transcription factor does not affect the formation of preadipocytes but inhibits their differentiation into adipocytes[J]. Biochemistry, 2005, 44(7): 11098 – 11105.

[16]SIMMEN R C, EASON R R, MCQUOWN J R, et al. Subfertility, uterine hypoplasia, and partial progesterone resistance in mice lacking the Kruppel – like factor 9/basic transcription element – binding protein – 1 (Bteb1) gene[J]. Journal of Biological Chemistry, 2004, 279(5): 29286 – 29294.

[17]GOWRI P M, YU J H, SHAUFL A, et al. Recruitment of a repressosome complex at the growth hormone receptor promoter and its potential role in diabetic nephropathy [J]. Molecular and Cellular Biology, 2003, 2 (3): 815 – 825.

[18]MIN S H, SIMMEN R C, ALHONEN L, et al. Altered levels of growth –

related and novel gene transcripts in reproductive and other tissues of female mice overexpressing spermidine/spermine N1 – acetyltransferase (SSAT) [J]. Journal of Biological Chemistry, 2002, 277(7): 3647 – 3657.

[19] SIMMEN R C, ZHANG X L, MICHEL F J, et al. Molecular markers of endometrial epithelial cell mitogenesis mediated by the Sp/Krüppel – like factor BTEB1[J]. DNA and Cell Biology, 2002, 21(9): 115 – 128.

[20] IMATAKA H, SOGAWA K, YASUMOTO K, et al. Two regulatory proteins that bind to the basic transcription element (BTE), a GC box sequence in the promoter region of the rat P – 4501A1 gene[J]. Embo Journal, 1992, 11(8): 3663 – 3671.

[21] FARMER S R. Transcriptional control of adipocyte formation[J]. Cell Metabolism, 2006, 4(7): 263 – 273.

[22] ROSEN E D, WALKEY C J, PUIGSERVER P, et al. Transcriptional regulation of adipogenesis[J]. Genes & Development, 2000, 14(7): 1293 – 1307.

[23] DANG D T, PEVSNER J, YANG V W. The biology of the mammalian Krüppel – like family of transcription factors [J]. International Journal of Biochemistry & Cell Biology, 2000, 32(9): 1103 – 1121.

[24] BIRSOY K, CHEN Z, FRIEDMAN J. Transcriptional regulation of adipogenesis by KLF4[J]. Cell Metabolism, 2008, 7(4): 339 – 347.

[25] SHINDO T, MANABE I, FUKUSHIMA Y, et al. Krüppel – like zinc – finger transcription factor KLF5/BTEB2 is a target for angiotensin II signaling and an essential regulator of cardiovascular remodeling[J]. Nature Medicine, 2002, 8 (8): 856 – 863.

[26] OISHI Y, MANABE I, TOBE K, et al. Krüppel – like transcription factor KLF5 is a key regulator of adipocyte differentiation [J]. Cell Metabolism, 2005, 1(9): 27 – 39.

[27] LEE M Y, MOON J S, PARK S W, et al. KLF5 enhances SREBP – 1 action in androgen – dependent induction of fatty acid synthase in prostate cancer cells [J]. Biochemical Journal, 2009, 417(8): 313 – 322.

[28] LI D, YEA S, LI S, et al. Krüppel – like factor – 6 promotes preadipocyte

differentiation through histone deacetylase 3 – dependent repression of DLK1 [J]. Journal of Biological Chemistry, 2005, 280(7): 26941 – 26952.

[29]MOON Y S, SMAS C M, LEE K, et al. Mice lacking paternally expressed Pref – 1/DLK1 display growth retardation and accelerated adiposity [J]. Molecular and Cellular Biology, 2002, 22(7): 5585 – 5592.

[30]FISCH S, GRAY S, HEYMANS S, et al. Krüppel – like factor 15 is a regulator of cardiomyocyte hypertrophy[J]. Proceedings of the National Academy of Sciences of the United States of America, 2007, 104(7): 7074 – 7079.

[31]MORI T, SAKAUE H, IGUCHI H, et al. Role of Krüppel – like factor 15 (KLF15) in transcriptional regulation of adipogenesis[J]. Journal of Biological Chemistry, 2005, 280(6): 12867 – 12875.

[32]ROSEN E D, SPIEGELMAN B M. Molecular regulation of adipogenesis[J]. Annual Review of Cell and Developmental Biology, 2000, 16(1): 145 – 171.

[33]BANERJEE S S, FEINBERG M W, WATANABE M, et al. The Krüppel – like factor KLF2 inhibits peroxisome proliferator – activated receptor – gamma expression and adipogenesis[J]. Journal of Biological Chemistry, 2003, 278 (8): 2581 – 2584.

[34]SUE N, JACK B H, EATON S A, et al. Targeted disruption of the basic Krüppel – like factor gene (KLF3) reveals a role in adipogenesis[J]. Molecular and Cellular Biology, 2008, 28(9): 3967 – 3978.

[35]UMEK R M, FRIEDMAN A D, MCKNIGHT S L. CCAAT – enhancer binding protein: a component of a differentiation switch[J]. Science, 1991, 251(7): 288 – 292.

[36] KAWAMURA Y, TANAKA Y, KAWAMORI R, et al. Overexpression of Krüppel – like factor 7 regulates adipocytokine gene expressions in human adipocytes and inhibits glucose – induced insulin secretion in pancreatic beta – cell line[J]. Molecular Endocrinology, 2006, 20(8): 844 – 856.

[37]ROSEN E D, MACDOUGALD O A. Adipocyte differentiation from the inside out[J]. Nature Reviews Molecular Cell Biology, 2006, 7(8): 885 – 896.

[38]GRAY S, FEINBERG M W, HULL S, et al. The Krüppel – like factor KLF15

regulates the insulin – sensitive glucose transporter GLUT4[J]. Journal of Bio-
logical Chemistry, 2002, 277(8): 34322 – 34328.

[39] EATON S A, FUNNELL A P, SUE N, et al. A network of Krüppel – like Fac-
tors (KLFs). KLF8 is repressed by KLF3 and activated by KLF1 in vivo[J].
Journal of Biological Chemistry, 2008, 283(8): 26937 – 26947.

[40] BARBER R D, HARMER D W, COLEMAN R A, et al. GAPDH as a house-
keeping gene: analysis of GAPDH mRNA expression in a panel of 72 human
tissues[J]. Physiological Genomics, 2005, 21(5): 389 – 395.

[41] SMALDONE S, LAUB F, ELSE C, et al. Identification of MoKA, a novel F –
box protein that modulates Krüppel – like transcription factor 7 activity[J].
Molecular and Cellular Biology, 2004, 24(4): 1058 – 1069.

[42] SMALDONE S, RAMIREZ F. Multiple pathways regulate intracellular shuttling
of MoKA, a co – activator of transcription factor KLF7[J]. Nucleic Acids Re-
search, 2006, 34(5): 5060 – 5068.

第2章 KLF 与肌肉组织的综述

Krüppel 样因子得名于果蝇同源基因 Krüppel，在动物体内一般作为转录因子发挥作用。KLF C 末端是 DNA 结合域，由 3 个高度保守的 C2H2 锌指结构组成，相邻的锌指结构之间由保守序列 TGEKP(Y/F)X 连接。大多数 KLF 通过该结构结合靶基因启动子或增强子区的 CACCC 模序或富含 GC 的顺式调控元件。KLF N 末端是转录调控结构域，结构高度变异，能结合特异蛋白质，介导多种因子的转录调控作用。

目前，人体内共发现了 18 种 KLF。根据 KLF 的蛋白结构特征和转录调控作用，KLF 大致被分为三大类：第一类包括 KLF1、KLF2、KLF4 ~ KLF7，这类 KLF 的 N 末端具有酸性蛋白模序，主要作为转录激活因子发挥作用；在一些特定情况下，这类 KLF 也能够与转录抑制因子互作，发挥转录抑制作用。第二类包括 KLF3、KLF8 和 KLF12，N – 末端具有 PVDLT 模序，可以与抑制辅助因子 CtBP1 互作，发挥转录抑制作用。第三类包括 KLF9 ~ KLF11、KLF13、KLF14 和 KLF16，N – 末端含有转录抑制结构域，主要发挥转录抑制作用；在一些特定情况下，这类 KLF 的部分成员也能够与转录激活因子互作，发挥转录激活作用。目前，因为 KLF15、KLF17 和 KLF18 的蛋白互作模序还不完全清楚，所以尚未被划入上述分类之中。

在作用机制方面，大多数 KLF 直接调控靶基因转录，少数 KLF 则需要与其他因子形成复合物才能发挥调控作用。不同的 KLF 既能调控不同靶基因，又能调控相同靶基因，发挥相似或相反的调控作用。此外，部分 KLF 存在翻译后修饰调控，并且 KLF N – 末端结合的辅助因子具有多样性，因此在不同生理条件下,同一种 KLF 分子可能表现出不同的作用。KLF 参与多种细胞增殖、分化、表型转化和凋亡等生命过程的调控。近年来,KLF 在肌肉组织中的功能正逐渐成为生命科学领域的一个研究热点。本书对 KLF 在心肌、平滑肌和骨骼肌中的功能及其作用机制的研究进展进行了综述,并探讨了 KLF 在 3 种肌肉组织的形成和疾病发生、发展过程中的作用。

2.1　心肌中的 KLF

心肌(cardiac muscle)主要由心肌细胞和成纤维细胞构成。心脏的舒缩功能主要取决于心肌细胞的数量和形态。目前,心脏肥大和先天性心脏病已成为心血管相关疾病的研究热点。当心脏肥大发生时,心肌细胞体积增大,胚胎基因(fetal gene)重新表达,蛋白质合成增强。此外,肌细胞增强因子 2 (myocyte enhancer factor, MEF2)、GATA 结合蛋白 4 (GATA binding protein 4, GATA4)、核因子 – κB (nuclear factor – κB, NF – κB)、活化 T 细胞核因子(nuclear factor of activated T cells, NFATs)、心肌素(myocardin, MYOCD)及心肌素相关转录因子 A 和 B (myocardin – related transcription factors – A/B, MRTF – A/B)等在心脏肥大的发生、发展过程中具有重要作用。内皮素 –1 (endothelin 1, ET – 1)和血管紧张素 Ⅱ (angiotensin Ⅱ, Ang Ⅱ)处理或横向主动脉缩窄手术(transverse aortic constriction, TAC)能够诱导实验动物心脏肥大。对先天性心脏病的研究显示, 胚胎时期 NK2 同源框 5 (NK2 homeobox 5, NKX2 – 5)、T 盒蛋白 5 (T – box 5, TBX5)和 T 盒蛋白 20 (T – box 20, TBX20)等转录因子基因突变或缺失会导致心脏发育缺陷。已有的研究表明,KLF 对心肌细胞增殖、分化和心脏成纤维细胞激活均有调控作用。研究 KLF 在心肌中的作用,对揭示心脏发育、心脏肥大、先天性心脏病和心脏纤维化等生理、病理进程具有重要参考价值。

2.1.1　KLF4

KLF4 参与对心肌肥大的负调控。在正常的生理状况下,$KLF4^{-/-}$ 小鼠的心脏质量和 A 型钠尿肽基因(natriuretic peptide A, $NPPA$)的表达水平均高于对照组;在心脏高负荷情况下,多数 $KLF4^{-/-}$ 小鼠死亡,未死亡的 $KLF4^{-/-}$ 小鼠则出现心肌肥大和心力衰竭;当静脉注射异丙肾上腺素后,*KLF4⁻/⁻* 小鼠心脏中 *NPPA*、B 型钠尿肽(natriuretic peptide B, NPPB)和肌球蛋白重链 7(myosin heavy chain 7, MYHC7)基因表达的增幅均高于对照组。研究显示,KLF4 抑制心肌肥大的作用机制可能至少包括以下两种途径:(1)直接抑制胚胎基因的表达,KLF4 因子被组蛋白脱乙酰酶抑制因子(histone deacetylase inhibitor, HDACI)诱导表达,并结合于小鼠 *NPPA* 启动子区 KLF4 结合位点,抑制 *NPPA* 基因的表达;(2)间接抑制胚胎基因的表达,KLF4 能通过下调小鼠 *MYOCD* 的基因表达水平,抑制胚胎基因表达(图 2 – 1)。

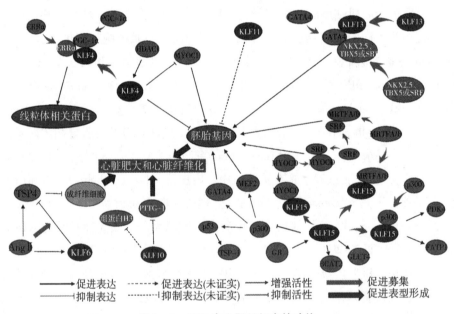

图 2 – 1　KLF 在心肌组织中的功能

此外,KLF4 影响心肌能量代谢,对维持心肌细胞线粒体数量和结构具有一定作用。KLF4 与雌激素相关受体 – α(estrogen – related receptor α, ERRα)、过氧化物酶体增殖物激活受体 γ(peroxisome proliferator – activated receptor γ, PPARγ)和共激活因子 – 1α(PPARγ co – activators 1α, PGC – 1α)共同形成 KLF4 – ERRα – PGC – 1α 复合物,结合于核基因组中编码线粒体蛋白质的多个基因的启动子区,诱导线粒体相关蛋白的表达(图 2 – 1)。

2.1.2　KLF6

*KLF*6 基因在心肌细胞和心脏成纤维细胞中表达。在 ET－1 诱导下,新生大鼠心肌细胞中 *KLF*6 的基因表达水平短暂上调,暗示其可能对心脏肥大具有调控作用。KLF6 是心肌细胞和心脏成纤维细胞的胞间交流信号分子。与野生型相比,*KLF*6$^{+/-}$小鼠心脏纤维化程度降低。AngⅡ能够特异性增加小鼠心肌细胞中 *KLF*6 基因的表达水平,并且,AngⅡ能够诱导心肌细胞中血小板反应蛋白－4 (thrombospondin 4, TSP－4)基因的表达,促进 TSP4 分泌到细胞间质,抑制成纤维细胞的激活;同时,AngⅡ增加心肌细胞中 KLF6 在 *TSP*4 启动子上的募集,而 KLF6 抑制 *TSP*4 启动子活性。因此,KLF6 作为胞间信号分子在心脏纤维化过程中发挥了复杂的调控作用(图 2－1)。

2.1.3　KLF10

KLF10 也被称为转化生长因子－β (transforming growth factor－β, TGF－β)早期诱导基因－1 (TGF－β induces early gene－1, TIEG－1),对心脏肥大具有负调控作用。在心脏组织中,*KLF*10 基因低水平转录。与野生型相比,*KLF*10$^{-/-}$小鼠出现心脏肥大,并且心脏组织中心肌肥厚相关基因垂体肿瘤转化基因－1 (pituitary tumor transforming gene－1, PTTG－1)和组蛋白 H3 表达上调。研究显示,KLF10 抑制小鼠 *PTTG*－1 启动子活性,因此,*KLF*10 可能通过抑制 PTTG－1 基因的表达,阻止心脏肥大 (图 2－1)。

2.1.4　KLF11

KLF11 也被称为 TGF－β 诱导早期基因－2 (TGF－β induces early gene－2, TIEG－2),参与心脏肥大的负调控。*KLF*11 基因在心肌细胞中表达。与对照组相比,心力衰竭患者和心脏肥大小鼠的心脏组织中 *KLF*11 mRNA 水平显著下调。ET－1 刺激新生大鼠心肌细胞时,*KLF*11 基因的表达水平下调,提示 KLF11 可能抑制心脏肥大的发生。在正常情况下,*KLF*11 转基因小鼠心脏无异常表现;在 TAC 模型中,未转基因的小鼠出现心脏肥大,而 *KLF*11 基因过表达的小鼠未见明显的心脏肥大和心脏纤维化,且与野生型小鼠相比,在过表达 *KLF*11 的小鼠心肌细胞中,胚胎基因的表达水平下调(图 2−1)。

在心肌组织中,KLF4、KLF11、KLF13 和 KLF15 抑制心肌胚胎基因的表达,阻止心脏肥大的发生;KLF6 调控心肌细胞与心脏成纤维细胞之间的信息交流,参与调控心脏纤维化进程。

2.1.5 KLF13

KLF13 又被称为胚胎 Krüppel 样因子−2(fetal Krüppel−like factor−2,FKLF−2)或基础转录元件结合蛋白 3(basal transcription element−binding protein 3,BTEB3),在红细胞、T 淋巴细胞和心肌细胞等多种细胞中表达。KLF13 参与对心脏的早期发育调控:胚胎时期,小鼠心脏中 *KLF*13 基因的表达最早出现在 E9.5,在心房和心室小梁中表达水平较高;出生后,心脏中 *KLF*13 基因的表达水平下调,在 E15.5 时主要在心房、房间隔、室间隔和心室小梁中表达。敲除 *KLF*13 的非洲爪蟾胚胎出现房间隔缺损和心室小梁化程度低,并且可因 *GATA*4 基因的过表达而恢复正常。非洲爪蟾单独缺失 *KLF*13 基因对心脏结构发育的影响较小,同时缺失 *KLF*13 与 *TBX*5 基因会导致其房间隔缺损。

KLF13 能够借助 GATA4 与其他因子[如 NKX2.5、TBX5 或血清反应因子(serum response factor,SRF)等]形成"KLF13−GATA4−其他因子"复合物,激活 *NPPA* 和 *NPPB* 等基因的转录,对心脏的早期发育具有重要调控作用(图 2−1)。此外,KLF13 能够保护小鼠心肌细胞免受外界刺激[如六水合氯化钴(Ⅱ)(CoCl$_2$·6H$_2$O)和多柔比星(doxorubicin)]导致的细胞死亡,对心脏毒性诱导的心力衰竭具有保护作用。

2.1.6 KLF15

KLF15 参与对心肌肥大的负调控。在小鼠心脏发育过程中,*KLF*15 基因不表达或低水平表达;出生后 *KLF*15 基因的表达逐渐增加,约在 3 周龄时达到成年水平。*KLF*15 基因过表达能够阻止 AngⅡ 诱导小鼠心脏肥大的发展。

KLF15 可通过调节胚胎基因转录和心肌能量代谢,抑制心脏肥大的发生:
(1) KLF15 能够与 SRF 竞争结合 MYOCD 和 MRTF – A/B,抑制 SRF – MYOCD
和 SRF – MRTF – A/B 对胚胎基因的转录激活作用 (图 2 – 1)。此外,KLF15 抑
制共激活物/乙酰酶 p300 的乙酰转移酶活性,抑制 MEF2 和 GATA4 分子的乙酰
化,从而抑制 MEF2 和 GATA4 对小鼠 *NPPA* 和 *NPPB* 基因的转录激活作用(图
2 – 1)。(2)与野生型小鼠相比,*KLF*15 $^{-/-}$ 小鼠表现出对压力负荷异常敏感,可
能与心肌细胞能量代谢能力的降低有关。研究显示,*KLF*15 $^{-/-}$ 小鼠的心肌细胞
胞浆中出现巨大线粒体,心肌细胞脂肪酸的转运和氧化能力降低。KLF15 能够
激活心肌脂质代谢,提高心肌细胞转运葡萄糖的能力。KLF15 与 p300 结合,激
活小鼠 PDK4 和 FATP1 等脂质代谢相关基因启动子活性,促进脂质代谢(图 2 –
1)。此外,糖皮质激素能通过诱导大鼠 *KLF*15 基因的表达,激活支链氨基酸氨
基转移酶 2 (branched – chain amino acid transaminase 2, BCAT2)和葡萄糖转运
蛋白 4 (glucose transporter 4, GLUT4)基因的表达,降低心肌细胞支链氨基酸
(branched – chain amino acid, BCAA)浓度和提高心肌细胞对葡萄糖的摄取能
力(图 2 – 1)。

此外,KLF15 可通过调节心肌血管生成抑制 Ang Ⅱ 诱导的心力衰竭。
KLF15 通过抑制 p300 乙酰转移酶活性,抑制小鼠 p53 Lys379 乙酰化,进而抑制
血小板反应蛋白 – 1(thrombospondin – 1, TSP – 1) 等 p53 靶基因的表达,阻止
p53 累积导致的心力衰竭 (图 2 – 1)。

2.2　平滑肌中的 KLF

平滑肌(smooth muscle)广泛分布于消化道、呼吸道、血管和生殖管道等多种
器官。体内平滑肌细胞存在 2 种表型:分化程度较高的收缩型,以及具有较高增
殖和迁移能力的合成型。平滑肌表型的转化主要体现在平滑肌肌动蛋白(smooth
muscle actin, SMA)、平滑肌肌球蛋白重链(smooth muscle myosin heavy chain,
SMMHC)、平滑肌 22α (smooth muscle 22α, SM22α)、钙调蛋白和肌球蛋白轻链激
酶(myosin light chain kinase, MLCK)等平滑肌标记基因和细胞周期基因表达水平
的改变上。KLF 在多种平滑肌中具有调控作用,特别是 KLF 在血管平滑肌细胞
(vascular smooth muscle cells, VSMC)中的功能受到了研究者的广泛关注。

2.2.1　KLF4

在非血管损伤条件下,大鼠 VSMC 中 *KLF4* 基因低水平表达;血管损伤后,大鼠 VSMC 中 *KLF4* 基因的表达量迅速上调。因此,过去认为 *KLF4* 主要发挥促 VSMC 增殖的作用。近年来,多项研究显示,KLF4 在血管平滑肌中具有促增殖和促分化的作用。在大鼠 VSMC 中,全反式维甲酸(all - trans retinoic acid, AT-RA)和 TGF - β1 诱导 KLF4 分子发生磷酸化修饰,使其发挥促分化作用,而血小板衍生生长因子 - BB(platelet derived growth factor - BB, PDGF - BB)诱导 KLF4 去磷酸化,从而抑制其促 VSMC 分化的活性。此外,KLF4 对线粒体碎片化和 *MYOCD* 基因的表达具有调控作用,间接影响 VSMC 的增殖和分化。因此,KLF4 可能是 VSMC 表型转化的重要调控因子。

磷酸化后的 KLF4 的促分化作用表现在:(1)诱导平滑肌标记基因表达。ATRA 诱导 KLF4 磷酸化,募集 p300,促使 KLF4 乙酰化。乙酰化的 KLF4 与 *SM22α* 启动子结合并激活 *SM22α* 基因的转录(图 2 - 2)。(2)抑制 VSMC 细胞周期。TGF - β1 诱导 KLF4 磷酸化。磷酸化的 KLF4 一方面将 p300 募集至 p21 启动子区,乙酰化组蛋白 H3,启动 *p21* 基因的表达;另一方面,KLF4 直接激活转化生长因子 β 受体 I 型(transforming growth factor β receptor I, TβR I)基因的表达,或与 Smad2 结合形成 KLF4 - Smad2 复合物,协同激活 *TβR I* 基因的表达,抑制 VSMC 周期并促使其分化(图 2 - 2)。(3)磷酸化的 KLF4 能与 PPARγ 结合形成 KLF4 - PPARγ 复合物,占据 Ang II 1 型受体(Ang II type 1 receptor, AT1R)基因启动子区的 TGF - β1 调控元件(TGF - β1 control elements, TCE),抑制 *AT1R* 的启动子活性,抑制 VSMC 增殖(图 2 - 2)。此外,KLF4 能够调控线粒体融合蛋白 - 2/p - Erk(mitochondrial fusion protein - mitofusin - 2/p - Erk, MFN - 2/p - Erk)信号通路,降低氧诱导下大鼠肺动脉 VSMC 线粒体碎片化程度,抑制 VSMC 增殖(图 2 - 2)。

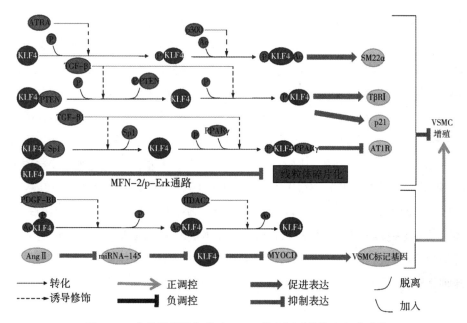

图 2 - 2　血管平滑肌细胞中 KLF4 的翻译后修饰和相应功能

在血管损伤情况下,PDGF - BB 诱导 KLF4 去磷酸化,促使 KLF4 与 HDAC2 相互作用,使得 KLF4 去乙酰化,抑制 KLF4 与 $SM22\alpha$ 基因启动子的结合和对 $SM22\alpha$ 转录的激活(图 2 - 2)。PDGF - BB 还可促使 KLF4 与磷酸酶/张力蛋白同源物(phosphatase and tensin homolog, PTEN)形成 KLF4 - PTEN 复合物,抑制 TGF - β1 诱导下 KLF4 的促分化作用。此外,AngⅡ能够通过下调 miRNA - 145 的表达水平,增加 $KLF4$ 基因的表达,进而下调 $MYOCD$ 基因的表达水平,降低 MYOCD 对 VSMC 标记基因转录的诱导作用,促进 VSMC 增殖和迁移(图 2 - 2)。VSMC 中存在一个围绕 KLF4 的庞大调节网络,遗传和环境因素通过改变 KLF4 的表达、分子修饰和复合物状态,转换 KLF4 在 VSMC 中的功能,以应对内外环境(如血管损伤等)的改变。

2.2.2　KLF5

KLF5 参与调控 VSMC 增殖和血管重塑过程。胚胎期时,人和兔等多物种的 VSMC 中 $KLF5$ 基因呈现高水平表达,而在成年时期,$KLF5$ 基因却转变为低水平表达状态。在血管损伤或 Ang Ⅱ 输注条件下,大鼠主动脉 VSMC 中 *KLF*5 基因的表达增加。KLF5 至少可通过以下 4 条途径引起 VSMC 增殖和血管钙化:(1) KLF5 上调 PDGF – A/B、纤溶酶原激活物抑制因子 – 1(plasminogen activator inhibitor – 1, PAI – 1)、诱导型一氧化氮合酶(inducible nitric oxide synthase, iNOS)、血管内皮生长因子受体(vascular endothelial growth factor receptor, VEGFR)、肿瘤坏死因子 – α (tumor necrosis factor – α, TNF – α)和白细胞介素 – 1β (interleukin – 1β, IL – 1β)等炎性反应因子基因的表达水平,发挥促 VSMC 增殖的作用[图 2 – 3(a)];(2) KLF5 抑制 *SMA* 和 *SM*22α 等 VSMC 标记基因的启动子活性[图 2 – 3(a)];(3) KLF5 上调细胞周期蛋白 *D*1 基因的表达和抑制 *p*21 基因的表达[图 2 – 3(a)];(4) KLF5 能够激活参与成骨细胞和软骨细胞分化调控的关键转录因子 RUNX2 基因的表达,诱导大鼠 VSMC 向成骨样细胞转化,引起血管钙化[图 2 – 3(a)]。

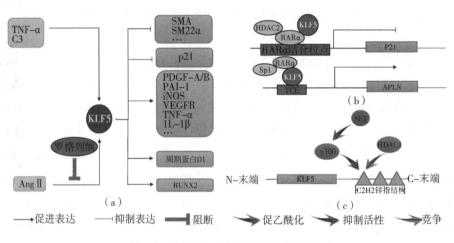

图 2 – 3　血管平滑肌细胞中的 KLF5 功能

图 2 – 3(a)为诱导 *KLF*5 基因表达的分子和被 KLF5 所诱导表达的基因。图 2 – 3(b)为 KLF5 与其他因子形成不同复合物调控靶基因 *p*21 和 *APLN* 的表达。图 2 – 3(c)为 SET、p300 和 HDACI 影响 KLF5 功能的作用机制。

ATRA 和 TGF – β1 诱导 KLF4 分子发生磷酸化修饰,磷酸化修饰后的 KLF4 诱导 *SM*22α、*T*β*R*Ⅰ 和 *p*21 基因的表达,抑制 *AT*1*R* 基因的表达,从而抑制血管平

滑肌细胞增殖;KLF4 通过抑制线粒体碎片化,抑制血管平滑肌细胞增殖;
PDGF - BB 诱导下 KLF4 去磷酸化,抑制 ATRA 和 TGF - β1 诱导的血管平滑肌
细胞分化;AngⅡ下调 miRNA - 145 的表达水平,增加 KLF4 基因的表达;KLF4
通过抑制 MYOCD 基因的表达,间接抑制血管平滑肌细胞标记基因的转录。

多种因子或药物可通过以下几种方式调控 KLF5 基因的表达或分子状态,
进而在 VSMC 中发挥促增殖或促分化功能:(1)调控 KLF5 基因的转录。TNF -
α、补体 C3(complement C3, C3)和 AngⅡ等可上调 KLF5 基因的表达水平,促进
VSMC 增殖;在大鼠中 AngⅡ诱导的 KLF5 基因的表达可被罗格列酮阻断[图
2 - 3(a)]。(2)与 KLF5 形成复合物。当视黄酸受体 - α(retinoic acid
receptor - α,RARα)与 HDAC2、KLF5 在大鼠 p21 基因启动子的 RARα 结合位
点上形成 HDAC2 - RARα - KLF5 复合物时,抑制 p21 基因启动子活性,间接促
进 VSMC 增殖[图 2 - 3(b)]。此外,RARα 能与 KLF5、Sp1 在大鼠爱帕琳肽
(apelin, APLN)基因启动子的 TCE 上形成 Sp1 - RARα - KLF5 复合物,诱导
APLN 表达,促进 VSMC 增殖[图 2 - 3(b)]。值得注意的是,在 RARα 特异性激
动剂 Am80 的作用下,大鼠 VSMC 分化活性增强。Am80 能够磷酸化 HDAC2 并
使其与 RARα 解离,磷酸化的 HDAC2 使 KLF5 脱乙酰化,促使 KLF5 从 p21 基
因的启动子上解离,解除对 p21 转录的抑制。但是,Am80 可促使 Sp1 - RARα -
KLF5 复合物形成,进而诱导 APLN 基因的表达,因此,Am80 对 VSMC 中 RARα
的靶基因的调控机制尚不清楚。(3)影响 KLF5 翻译后修饰。致癌调节因子/
组蛋白伴侣 SET 可抑制 p300 介导的 KLF5 锌指结构乙酰化,HDAC1 可通过 N -
末端与 p300 竞争 KLF5 C - 末端第一锌指结构,通过作用于锌指结构,发挥抑制
KLF5 结合靶基因启动子的作用[图 2 - 3(c)]。

2.2.3　KLF8

KLF8 参与维持 VSMC 的收缩型状态。收缩型 VSMC 中,KLF8 基因高水平
表达,在 TNF - α 诱导大鼠 VSMC 去分化过程中,VSMC 标记基因和 KLF8 基因
的表达下调。KLF8 可通过激活 SMA 等 VSMC 标记基因启动子活性和抑制
KLF5 基因启动子活性,维持 VSMC 的收缩型,但对 KLF4 基因的表达没有影响。
此外,大鼠 KLF8 基因启动子上存在 C - Ets - 1、CAAT/增强结合蛋白 β

（CAAT/enhance binding protein β，C/EBPβ）、RARα、Ap1、Sp1、KLF4 和 NF－κB 等转录因子结合位点，MYOCD 可通过上调 *KLF*4 或 *NF－κB* 基因的表达水平，间接激活 *KLF*8 基因的启动子活性。

2.2.4 KLF15

KLF15 参与对 VSMC 增殖的负调控。在正常的生理状况下，小鼠 VSMC 中 *KLF*15 基因高表达；在促增殖和促炎因子刺激下，*KLF*15 基因的表达水平显著降低。与野生型小鼠相比，血管损伤时，*KLF*15 $^{-/-}$ 小鼠新生血管内膜中的 VSMC 表现为增殖及迁移增强。KLF15 可通过抑制促增殖信号分子，抑制 VSMC 增殖：*KLF*15 基因过表达会抑制 PDGF－BB 诱导的小鼠 VSMC 增殖，但是具体机制尚不清楚；此外，KLF15 可通过其转录激活结构域以浓度依赖的方式与 p65 竞争 p300 结合位点，改变 NF－κB 乙酰化状态并抑制其活性，进而抑制 VSMC 增殖。

2.3 骨骼肌中的 KLF

骨骼肌（skeletal muscle）纤维数目在胚胎期已基本固定。骨骼肌特异性基因表达受生肌决定基因（myogenic determination gene，MyoD）家族、MEF2 家族和细胞外信号调节激酶 5（extracellular signal－regulated kinases 5，ERK5）等的调节。此外，良好的血管发生和能量代谢促进骨骼肌发育。KLF 参与对骨骼肌细胞增殖、融合、肌小管形成、能量代谢和血管发生的调控。

2.3.1 KLF2 和 KLF4

KLF2 和 KLF4 促进骨骼肌细胞融合。在小鼠骨骼肌细胞分化过程中，*KLF*2 和 *KLF*4 基因的表达上调，且可被 ERK5 抑制剂阻断。他汀类药物可诱导人脐带内皮细胞 ERK5 磷酸化，诱导 *KLF*4 基因的表达，但其对 *KLF*2 基因的诱导作用仍然缺少证据。ERK5 信号通路能通过 Sp1 通路上调小鼠骨骼肌细胞 *KLF*2 和 *KLF*4 基因的表达，进而上调 *NPNT* 基因的表达水平，通过促进细胞-基质黏附,促进细胞融合。因此,骨骼肌中可能存在 MEK5 – ERK5 – KLF2/4 – NPNT 途径调控着骨骼肌细胞融合。

2.3.2   KLF3

在横纹肌终末分化时期,KLF3 基因的表达水平提高,并在内源性促肌肉形成基因的顺式调控元件上富集,但是与野生型相比,KLF3 $^{-/-}$ 小鼠没有表现出明显的肌肉缺陷,这可能是分子冗余造成的。本课题组前期在鸡前脂肪细胞中发现,KLF3 基因过表达能够调控 $PPAR\gamma$ 和 $C/EBP\alpha$ 等脂肪细胞分化标记基因的表达,并且该调控作用部分依赖 KLF3 N – 末端的抑制结构域(repression domain, RD)中的 PVDLT 模序。与此一致的是,在多数组织中,KLF3 发挥转录抑制作用依赖其 N – 末端的 RD 序列与转录抑制因子的结合。但是,在小鼠骨骼肌中,KLF3 对肌肉特异基因表达的调节机制是:KLF3 的 C – 末端到 RD 间的序列与 SRF 结合,引起 KLF3 的 RD 构象改变,导致其不再募集转录抑制因子,转而募集转录激活因子,激活肌酸激酶(muscle creatine kinase, MCK)等基因的转录。

2.3.3   KLF10

KLF10 抑制骨骼肌形成,因此,理论上 KLF10 基因在骨骼肌形成过程中表达下调;但是,在小鼠骨骼肌细胞分化过程中,KLF10 基因的表达增加,并且在鸡成肌细胞和肌管中能够检测到 KLF10 基因的表达,提示了 KLF10 在骨骼肌组织中的功能可能比较复杂。过表达 KLF10 基因的小鼠骨骼肌表现为细胞数量减少和肌管形成受损;与野生型相比,KLF10 $^{-/-}$ 小鼠表现出比目鱼肌、趾长伸肌酵解性肥大(glycolytic hypertrophy)和增生。KLF10 通过抑制促增殖信号分子功能和周期蛋白表达抑制成肌细胞增殖:(1)在鸡成肌细胞中,KLF10 与成纤维细胞生长因子受体 1(fibroblast growth factors, FGFR1)基因的启动子近端的 Sp1 结合位点结合,抑制 $FGFR$1 启动子活性;(2)在敲除 KLF10 的小鼠成肌细胞中,细胞周期蛋白 $CCNA$2、$CCNB$2 和 $BIRC$5 基因的表达增加,暗示 KLF10 可能对其转录具有抑制作用。

2.3.4 KLF15

KLF15 参与骨骼肌分化的正调控。骨骼肌分化过程中 *KLF*15 基因的表达上调,但敲除 *KLF*15 对小鼠骨骼肌分化没有影响,这可能是分子冗余造成的。功能研究显示,KLF15 可以通过 NFATc1 信号通路诱导小鼠成肌细胞肌球蛋白重链 - β/慢速(myosin heavy chain - β/slow, MHC - β/slow)基因的表达,促进骨骼肌形成。

此外,KLF15 对骨骼肌能量代谢也有调控作用。耐力运动实验结果显示,与野生型小鼠相比,*KLF*15$^{-/-}$ 小鼠骨骼肌过多依赖碳水化合物,不能很好地利用脂肪。功能研究显示,KLF15 对骨骼肌中蛋白质、糖和脂质转化和代谢具有调控作用:(1)蛋白质代谢方面,在糖皮质激素刺激下,KLF15 通过激活 *BCAT*2 基因的表达,加速 BCAA 降解,抑制哺乳动物雷帕霉素靶向基因(mammalian target of rapamycin, mTOR)信号通路活性,抑制肌肉蛋白的合成。此外,KLF15 与叉头框蛋白 O1(forhead box O1, FoxO1)协同激活大鼠成肌细胞中 Atrogin - 1 和 *MuRF* - 1 基因的表达,作用于 MyoD 和 MYHC 等蛋白底物,加速肌肉蛋白分解。(2)糖代谢方面,KLF15 能够直接结合 *GLUT*4 基因近端启动子区的 MEF2A 结合位点,激活 *GLUT*4 的转录;此外,KLF15 能协同转录因子 Sp1 激活果蝇乙酰 CoA 合成酶 2(acetyl - CoA synthetase 2, ACECS2)基因的转录,加速糖代谢。(3)脂质代谢方面,在骨骼肌中 KLF15 能诱导小鼠 FATP1 脂质转运、代谢等相关基因的表达;此外 KLF15 能结合于牛骨骼肌长链酰基辅酶 A 合成酶 1(long - chain acyl - CoA synthetase 1, ACSL1)基因的启动子,激活其转录。因此,KLF15 在骨骼肌能量代谢方面具有调控作用。

2.4　研究展望

KLF 在 3 种肌肉组织的发育和功能维持中均具有重要调控作用。在心肌组织中,KLF4、KLF10、KLF11 和 KLF15 参与心肌肥大的负调控,KLF6 参与调控心脏纤维化,KLF13 参与调控胚胎时期的心肌发育。在血管平滑肌中,随着分子修饰和复合物组成的变化,KLF4 发挥着促增殖或促分化作用,KLF5 促进血管平滑肌增殖,KLF8 和 KLF15 抑制血管平滑肌增殖。在骨骼肌中,KLF2、KLF3、KLF4、KLF10 和 KLF15 参与调控骨骼肌发育。另外,KLF15 是 3 种肌肉组织能量代谢的重要调节因子。

对比同种 KLF 在 3 种不同肌肉组织中的功能发现,同种 KLF 可在 2 种或 2 种以上的肌肉组织中通过相似的作用机制发挥相似作用,如在心肌和骨骼肌中,KLF15 均对线粒体脂质代谢相关基因的表达有调控作用(表 2 - 1)。此外,同种 KLF 也可以在 2 种或 2 种以上的肌肉组织中通过不同的作用机制发挥不同或相似的调控作用,如 KLF4 在 3 种肌肉组织中通过 3 种完全不同的机制发挥了不同的调控作用,而 KLF10 在心肌和骨骼肌中则通过不同的机制均发挥了抑制肌肉组织形成的作用(表 2 - 1)。

此外,不同 KLF 因子在同种肌肉组织中可能具有相似或相反的作用,如 KLF4、KLF10、KLF11 和 KLF15 均参与对心肌肥大的负调控,在心肌中 KLF4 和 KLF15 对 *MYOCD* 基因的表达或活性具有调控作用,在血管平滑肌细胞中 KLF4 和 KLF5 对 *SM22α* 基因的表达具有调控作用。

值得注意的是,在血管损伤条件下,*KLF*4 和 *KLF*5 基因的表达上调,参与促进血管平滑肌细胞增殖;在血管平滑肌细胞的炎性增殖末期,KLF4 和 NF - κB 能够上调 *KLF*8 基因的表达,被诱导表达的 KLF8 因子会抑制 *KLF*5 基因的启动子活性,进而抑制 KLF5 诱导的血管平滑肌细胞增殖;KLF15 能够抑制 NF - κB 分子活性,在血管平滑肌细胞的炎性增殖末期,KLF8 和 KLF15 可能参与抑制血管平滑肌细胞的过度增殖(表 2 - 1 和图 2 - 4)。在血管平滑肌细胞的炎性增殖过程中,KLF 家族成员的顺序调控可能发挥了重要作用。

除此之外,对不同的肌肉组织进行的研究显示,不同的 KLF 因子发挥着类似的细胞周期调控作用,如心肌中的 KLF15,血管平滑肌中的 KLF4、KLF5 和骨骼肌中的 KLF10 都可通过调控细胞周期基因来调控细胞增殖(表 2 - 1)。鉴于细胞周期的保守性,KLF 因子有可能在同种肌肉组织的细胞增殖中具有协同或顺序调控现象。

表 2 - 1　KLF 在心肌、平滑肌和骨骼肌中的功能机制

KLF	心肌		血管平滑肌		骨骼肌	
	功能	机制	功能	机制	功能	机制
KLF2	未知	未知	未知	未知	促进细胞融合	上调 $NPNT$ 表达
KLF3	未知	未知	未知	未知	未知	激活 MCK 转录
KLF4	抑制心脏肥大;调控心肌细胞线粒体数量和结构	抑制 $NPPA$ 启动子活性;下调 $MYOCD$ 表达水平;形成 KLF4 - ERRα - PGC - 1α 复合物,诱导线粒体相关蛋白表达	促 VSMC 分化;促 VSMC 增殖和迁移	乙酰化 KLF4 激活 $SM22α$ 转录;磷酸化 KLF4,募集 p300,启动 p21 表达;激活 $TβRI$ 表达,形成 KLF4 - Smad2 复合物,激活 $TβRI$ 表达;形成 KLF4 - PPARγ 复合物,抑制 $AT1R$ 启动子活性;调控 MFN - 2/p - ERK 信号通路;下调 $MYOCD$ 水平;增强 $KLF8$ 启动子活性	促进细胞融合	上调 $NPNT$ 表达

续表

KLF	心肌		血管平滑肌		骨骼肌	
	功能	机制	功能	机制	功能	机制
KLF5	未知	未知	促 VSMC 增殖；诱导 VSMC 向成骨样细胞转化	上调 PDGF-A/B, PAI-1, iNOS, VEGFR, TNF-α 和 IL-1β 等炎性反应因子表达水平；抑制 SMA 和 SM22α 等 VSMC 标记基因启动子活性；上调细胞周期蛋白 D1 表达；激活 RUNX2 启动子活性；形成 HDAC2-RARα-KLF5 复合物, 抑制 p21 启动子活性；形成 Sp1-RARα-KLF5 复合物, 诱导 APLN 表达	未知	未知
KLF6	参与调控心脏纤维化	抑制 TSP4 启动子活性	未知	未知	未知	未知

续表

KLF	心肌		血管平滑肌		骨骼肌	
	功能	机制	功能	机制	功能	机制
KLF8	未知	未知	维持 VSMC 收缩型	激活 SMA 等 VSMC 标记基因启动子活性;抑制 KLF5 启动子活性	未知	未知
KLF10	可能对心脏肥大具有负调控作用	抑制 PTTG-1 启动子活性	未知	未知	抑制成肌细胞增殖	抑制 FGFR1 启动子活性;可能抑制 CCNA2,CCNB2 和 BIRC5 表达
KLF11	可能抑制心脏肥大	可能抑制胚胎基因表达	未知	未知	未知	未知
KLF13	参与早期心脏发育;对心脏调控;对心脏毒性诱导心力衰竭有保护作用	形成 KLF13-GATA4-其他因子(NKX2-5、TBX5 或 SRF)复合物,激活胚胎基因转录	未知	未知	未知	未知

续表

KLF	心肌		血管平滑肌		骨骼肌	
	功能	机制	功能	机制	功能	机制
KLF15	抑制心脏肥大;抑制 Ang II 诱导心力衰竭	与 SRF 竞争结合 MYOCD 和 MRTF-A/B,抑制 SRF-MYOCD 和 SRF-MRTF-A/B 对胚胎基因的转录激活;抑制 p300 的乙酰转移酶活性,抑制 MEF2 和 GATA4 的乙酰化,抑制 MEF2 和 GATA4 对 NPPA 和 NPPB 转录激活;与 p300 结合,激活脂质代谢相关基因;激活 BCAT2 表达;激活 GLUT4 表达;抑制 p300 乙酰转移酶活性,抑制 p53 乙酰化,抑制 p53 靶基因的表达	抑制 VSMC 增殖	与 p65 竞争 p300 结合位点,改变 NF-κB 乙酰化状态并抑制其活性	促进骨骼肌肌肉形成;对骨骼肌蛋白质、糖、脂质转化和代谢均有调控作用	通过 NFATc1 信号通路诱导 MHC-β/slow 表达;激活 BCAT2 的表达,加速 BCAA 降解,抑制 mTOR 信号通路活性;与 FoxO1 协同激活 Atrogin-1 和 MuRF-1 表达;激活 GLUT4 启动子活性;协同 Sp1 激活 ACECS2 启动子活性;诱导脂质代谢相关基因表达;激活 ACSL1 转录

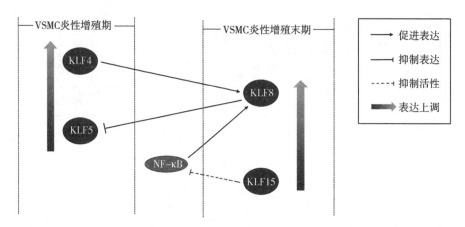

图 2-4　血管平滑肌细胞中 KLF4、KLF5、KLF8 和 KLF15 的表达模式及分子间的相互作用

在血管平滑肌细胞炎性增殖期,*KLF*4 和 *KLF*5 基因的表达上调;在血管平滑肌细胞炎性增殖末期,*KLF*8 和 *KLF*15 基因的表达上调。在血管平滑肌细胞中,KLF4 和 NF - κB 上调 *KLF*8 基因的表达,KLF8 抑制 *KLF*5 基因的启动子活性,KLF15 抑制 NF - κB 的分子活性。上述 KLF 共同调控了血管平滑肌细胞的炎性增殖。

此外,骨骼肌中的研究报道显示,KLF2 和 KLF4 在骨骼肌中均对 *NPNT* 基因具有调控作用(表 2 -1)。*KLF*2 ~ *KLF*4 和 *KLF*15 基因均在骨骼肌分化期间表达上调,并促进成肌细胞分化和肌肉组织形成;KLF10 作为骨骼肌形成的负调控因子,在分化期间其基因的表达上调,可能参与抑制骨骼肌的过度增殖。因此,KLF 家族成员可能在肌细胞分化过程中发挥协同或顺序调控作用,从而精细调控肌细胞的增殖和分化。

目前还有很多 KLF 家族成员在肌肉组织中的功能不明确,如 KLF2、KLF3、KLF5 在心肌细胞中的作用尚不明确。进一步研究 KLF 在肌肉组织中的作用及其调控的靶基因将有助于揭示肌肉组织发育及相关疾病的发生机制。借助过表达、siRNA 干扰和荧光素酶报告基因分析等分子生物学技术研究调控 *KLF* 基因表达的上游信号分子和基因,可能为开发心脏肥大、动脉粥样硬化、糖尿病等疾病的靶向药物提供新思路。此外,对 KLF 因子的分子结构的研究可能有助于发现 KLF 家族成员在物种间的功能共性,为进一步揭示锌指结构样转录因子的功能提供参考。

参考文献

[1]DANG D T, ZHAO W, MAHATAN C S, et al. Opposing effects of Krüppel – like factor 4 (gut – enriched Krüppel – like factor) and Krüppel – like factor 5 (intestinal – enriched Krüppel – like factor) on the promoter of the Krüppel – like factor 4 gene[J]. Nucleic Acids Research, 2002, 30(13): 2736 – 2741.

[2]PRESNELL J S, SCHNIZLER C E, BROWNE W E. KLF/Sp transcription factor family evolution: Expansion, diversification, and innovation in eukaryotes [J]. Genome Biology and Evolution, 2015, 7(8): 2289 – 2309.

[3]POLLAK N M, HOFFMAN M, GOLDBERG I J, et al. Krüppel – like factors: Crippling and un – crippling metabolic pathways[J]. JACC: Basic to Translation Science, 2018, 3(1): 132 – 156.

[4]张志威,李辉,王宁. KLF 转录因子家族与脂肪细胞分化[J]. 中国生物化学与分子生物学报, 2009,25(11): 983 – 990.

[5]熊倩,阮修艳,方向东. Sp1/Krüppel 样因子的研究进展[J]. 遗传,2010,32 (6): 531 – 538.

[6]YU K, ZHENG B, HAN M, et al. ATRA activates and PDGF – BB represses the SM22alpha promoter through KLF4 binding to, or dissociating from, its cis – DNA elements[J]. Cardiovascular Research, 2011, 90(3): 464 – 474.

[7]SHYU K G, CHENG W P, WANG B W. Angiotensin II downregulates microRNA – 145 to regulate Krüppel – like factor 4 and myocardin expression in human coronary arterial smooth muscle cells under high glucose conditions[J]. Molecular Medicine, 2015, 21(1): 616 – 625.

[8]LAVALLEE G, ANDELFINGER G, NADEAU M, et al. The Krüppel – like transcription factor KLF13 is a novel regulator of heart development[J]. Embo Journal, 2006, 25(21): 5201 – 5213.

[9]KIM C K, HE P, BIALKOWSKA A B, et al. Sp and KLF transcription factors in digestive physiology and diseases. [J] Gastroenterology, 2017, 152(8): 1845.

[10]HEINEKE J, MOLKENTIN J D. Regulation of cardiac hypertrophy by intracellular signalling pathways[J]. Nature Reviews Molecular Cell Biology, 2006, 7(8): 589-600.

[11]DARWICH R, LI W, YAMAK A, et al. KLF13 is a genetic modifier of the Holt-Oram syndrome gene TBX5[J]. Human Molecular Genetics, 2017, 26 (5): 942-954.

[12]YOSHIDA T, YAMASHITA M, HORIMAI C, et al. Krüppel-like factor 4 protein regulates isoproterenol-induced cardiac hypertrophy by modulating myocardin expression and activity[J]. Journal of Biological Chemistry, 2014, 289(38): 26107-26118.

[13]SAWAKI D, HOU L, TOMIDA S, et al. Modulation of cardiac fibrosis by Krüppel-like factor 6 through transcriptional control of thrombospondin 4 in cardiomyocytes[J]. Cardiovascular Research, 2015, 107(4): 420-430.

[14]BALLIGAND J L. KLF6 orchestrates cardiac myocyte-to-fibroblast communication: 'He who has ears to hear, let him hear'. [J] Cardiovascular Research, 2015, 107(4): 397-399.

[15]LIAO X, HALDAR S M, L U Y, et al. Krüppel-like factor 4 regulates pressure-induced cardiac hypertrophy[J]. Journal of Molecular and Cellular Cardiology, 2010, 49(2): 334-338.

[16]JANG C, ARANY Z. Mitochondria cripple without Krüppel[J]. Trends in Endocrinology & Metabolism, 2015, 26(11): 587-589.

[17]KEE H J, KOOK H. Krüppel-like factor 4 mediates histone deacetylase inhibitor-induced prevention of cardiac hypertrophy[J]. Journal of Molecular and Cellular Cardiology, 2009, 47(6): 770-780.

[18]LIAO X, ZHANG R, LU Y, et al. Krüppel-like factor 4 is critical for transcriptional control of cardiac mitochondrial homeostasis [J]. Journal of Clincal Investigation, 2015, 125(9): 3461-3476.

[19]CULLINGFORD T E, BUTLER M J, MARSHALL A K, et al. Differential regulation of Krüppel-like factor family transcription factor expression in neonatal rat cardiac myocytes: effects of endothelin-1, oxidative stress and

cytokines[J]. Biochemical and Biophysical Research Communications, 2008, 1783(6): 1229 – 1236.

[20] SUBRAMANIAM M, HAWSE J R, RAJAMANNAN N M, et al. Functional role of KLF10 in multiple disease processes[J]. Biofactors, 2010, 36(1): 8 – 18.

[21] SUBRAMANIAM M, HARRIS S A, OURSLER M J, et al. Identification of a novel TGF – beta – regulated gene encoding a putative zinc finger protein in human osteoblasts[J]. Nucleic Acids Research, 1995, 23(23): 4907 – 4912.

[22] BOS J M, SUBRAMANIAM M, HAWSE J R, et al. TGFbeta – inducible early gene – 1 (TIEG1) mutations in hypertrophic cardiomyopathy[J]. Journal of Cellular Biochemistry, 2012, 113(6): 1896 – 1903.

[23] RAJAMANNAN N M, SUBRAMANIAM M, ABRAHAM T P, et al. TGFbeta inducible early gene – 1 (TIEG1) and cardiac hypertrophy: discovery and characterization of a novel signaling pathway[J]. Journal of Cellular Biochemistry, 2007, 100(2): 315 – 325.

[24] ZHENG Y, KONG Y, LI F. Krüppel – like transcription factor 11 (KLF11) overexpression inhibits cardiac hypertrophy and fibrosis in mice[J]. Biochemical and Biophysical Research Communications, 2014, 443(2): 683 – 688.

[25] CLERK A, KEMP T J, ZOUMPOULIDOU G, et al. Cardiac myocyte gene expression profiling during H_2O_2 – induced apoptosis[J]. Physiological Genomics, 2007, 29(2): 118 – 127.

[26] GORDON A R, OUTRAM S V, KERAMATIOUR M, et al. Splenomegaly and modified erythropoiesis in KLF13 $^{-/-}$ mice[J]. Journal of Biological Chemistry, 2008, 283(18): 11897 – 11904.

[27] KWON S J, CRESPO – BARRETO J, ZHANG W, et al. KLF13 cooperates with c – Maf to regulate IL – 4 expression in CD4 + T cells[J]. Journal of Immunology, 2014, 192(12): 5703 – 5709.

[28] Cruz – Topete D, HE B, XU X, et al. Krüppel – like factor 13 is a major mediator of glucocorticoid receptor signaling in cardiomyocytes and protects these cells from DNA damage and death[J]. Journal of Biological Chemistry, 2016,

291(37): 19374 – 19386.

[29]LEENDERS J J, WIJNEN W J, VAN DER MADE I, et al. Repression of cardiac hypertrophy by KLF15: underlying mechanisms and therapeutic implications[J]. Plos One, 2012, 7(5): e36754.

[30]HALDAR S M, LU Y, JEYARAJ D, et al. KLF15 deficiency is a molecular link between heart failure and aortic aneurysm formation[J]. Science Translational Medicine, 2010, 2(26): 26r.

[31]LEENDERS J J, WIJNEN W J, HILLER M, et al. Regulation of cardiac gene expression by KLF15, a repressor of myocardin activity[J]. Journal of Biological Chemistry, 2010, 285(35): 27449 – 27456.

[32]KUWAHARA K, KINOSHITA H, KUWABARA Y, et al. Myocardin – related transcription factor A is a common mediator of mechanical stress – and neuro-humoral stimulation – induced cardiac hypertrophic signaling leading to activation of brain natriuretic peptide gene expression[J]. Molecular and Cellular Endocrinolcgy, 2010, 30(17): 4134 – 4148.

[33]FISCH S, GRAY S, HEYMANS S, et al. Krüppel – like factor 15 is a regulator of cardiomyocyte hypertrophy[J]. Proceedings of the National Academy of Sciences of the United States of America, 2007, 104(17): 7074 – 7079.

[34]WEI J Q, SHEHADEH L A, MITRANI J M, et al. Quantitative control of adaptive cardiac hypertrophy by acetyltransferase p300[J]. Circulation, 2008, 118(9): 934 – 946.

[35]ZHANG L, PROSDOCIMO D A, BAI X, et al. KLF15 establishes the landscape of diurnal expression in the heart[J]. Cell Reports, 2015, 13(11): 2368 – 2375.

[36]PROSDCIMO D A, SABEH M K, JAIN M K. Krüppel – like factors in muscle health and disease[J]. Trends in Cardiovascular Medicine, 2015, 25(4): 278 – 287.

[37]PROSDOCIMO D A, ANAND P, LIAO X, et al. Krüppel – like factor 15 is a critical regulator of cardiac lipid metabolism[J]. Journal of Biological Chemistry, 2014, 289(9): 5914 – 5924.

[38]TANDLER B, FUJIOKA H, HOPPEL C L, et al. Megamitochondria in Cardiomyocytes of a knockout (KLF15$^{-/-}$) Mouse[J]. Ultrastructural Pathology, 2015, 39(5): 336 –339.

[39]YOSHIKAWA N, NAGASAKI M, SANO M, et al. Ligand – based gene expression profiling reveals novel roles of glucocorticoid receptor in cardiac metabolism[J]. American Journal of Physiology Endocrinology and Metabolism, 2009, 296(6): E1363 –E1373.

[40]HA J M, YUN S J, JIN S Y, et al. Regulation of vascular smooth muscle phenotype by cross – regulation of kruppel – like factors[J]. Korean Journal of Physiology & Pharmacology, 2017, 21(1): 37 –44.

[41]HE M, ZHENG B, ZHANG Y, et al. KLF4 mediates the link between TGF – beta1 – induced gene transcription and H3 acetylation in vascular smooth muscle cells[J]. FASEB Journal, 2015, 29(9): 4059 –4070.

[42]ZHENG B, HAN M, SHU Y N, et al. HDAC2 phosphorylation – dependent KLF5 deacetylation and RARalpha acetylation induced by RAR agonist switch the transcription regulatory programs of p21 in VSMCs[J]. Cell Research, 2011, 21(10): 1487 –1508.

[43]LI H X, HAN M, BERNIER M, et al. Krüppel – like factor 4 promotes differentiation by transforming growth factor – beta receptor – mediated Smad and p38 MAPK signaling in vascular smooth muscle cells[J]. Journal of Biological Chemistry, 2010, 285(23): 17846 –17856.

[44]ZHANG X H, ZHENG B, GU C, et al. TGF – beta1 downregulates AT1 receptor expression via PKC – delta – mediated Sp1 dissociation from KLF4 and Smad – mediated PPAR – gamma association with KLF4[J]. Arteriosclerosis, Thrombosis, and Vascular Biology, 2012, 32(4): 1015 –1023.

[45]ZHU T T, ZHANG W F, LUO P, et al. Epigallocatechin – 3 – gallate ameliorates hypoxia – induced pulmonary vascular remodeling by promoting mitofusin – 2 – mediated mitochondrial fusion[J]. European Journal of Pharmacology, 2017, 809: 42 –51.

[46]CORDES K R, SHEEHY N T, WHITE M P, et al. miR – 145 and miR – 143

regulate smooth muscle cell fate and plasticity [J]. Nature, 2009, 460 (7256): 705 −710.

[47] LIN C M, WANG B W, PAN C M, et al. Effects of flavonoids on microRNA 145 regulation through KLF4 and myocardin in neointimal formation in vitro and in vivo[J]. Journal of Nutritional Biochemistry, 2017, 52: 27 −35.

[48] LIAO X H, XIANG Y, LI H, et al. VEGF −A stimulates STAT3 activity via nitrosylation of myocardin to regulate the expression of vascular smooth muscle cell differentiation markers[J]. Scientific Reports, 2017, 7(1): 2660.

[49] NAGAI R, SUZUKI T, AIZAWA K, et al. Significance of the transcription factor KLF5 in cardiovascular remodeling[J]. Journal of Thrombosis and Haemostasis, 2005, 3(8): 1569 −1576.

[50] GAO D, HAO G, MENG Z, et al. Rosiglitzone suppresses angiotensin II −induced production of KLF5 and cell proliferation in rat vascular smooth muscle cells[J]. Plos One, 2015, 10(4): e123724.

[51] ZHANG M L, ZHENG B, TONG F, et al. iNOS −derived peroxynitrite mediates high glucose −induced inflammatory gene expression in vascular smooth muscle cells through promoting KLF5 expression and nitration[J]. Biochimica et Biophysica Acta, 2017, 1863(11): 2821.

[52] ZHANG J, ZHENG B, ZHOU P P, et al. Vascular calcification is coupled with phenotypic conversion of vascular smooth muscle cells through KLF5 −mediated transactivation of the Runx2 promoter [J]. Biology of Reproduction, 2014, 34(6): e148.

[53] KIM S H, YUN S J, KIM Y H, et al. Essential role of Krüppel −like factor 5 during tumor necrosis factor alpha −induced phenotypic conversion of vascular smooth muscle cells [J]. Biochemical and Biophysical Research Communications, 2015, 463(4): 1323 −1327.

[54] YAO E H, FUKUDA N, UENO T, et al. Complement 3 activates the KLF5 gene in rat vascular smooth muscle cells[J]. Biochemical and Biophysical Research Communications, 2008, 367(2): 468 −473.

[55] LV X R, ZHENG B, LI S Y, et al. Synthetic retinoid Am80 up −regulates

apelin expression by promoting interaction of RARalpha with KLF5 and Sp1 in vascular smooth muscle cells [J]. Biochemical Journal, 2013, 456 (1): 35 – 46.

[56] MATSUMURA T, SUZUKI T, AIZAWA K, et al. The deacetylase HDAC1 negatively regulates the cardiovascular transcription factor Krüppel – like factor 5 through direct interaction [J]. Journal of Biological Chemistry, 2005, 280 (13): 12123 – 12129.

[57] ALAITI M A, ORASANU G, TUGAL D, et al. Krüppel – like factors and vascular inflammation: implications for atherosclerosis [J]. Current Atherosclerosis Reports, 2012, 14(5): 438 – 449.

[58] LU Y, HALDAR S, CROCE K, et al. Krüppel – like factor 15 regulates smooth muscle response to vascular injury ⁻ʹ⁻ brief report [J]. Arteriosclerosis, Thrombosis, and Vascular Biology, 2010, 30(8): 1550 – 1552.

[59] LU Y, ZHANG L, LIAO X, et al. Krüppel – like factor 15 is critical for vascular inflammation [J]. Journal of Clincal Investigation, 2013, 123 (10): 4232 – 4241.

[60] SUNADOME K, YAMAMOTO T, EBISUYA M, et al. ERK5 regulates muscle cell fusion through KLF transcription factors [J]. Developmental Cell, 2011, 20(2): 192 – 205.

[61] PALSTRA A P, ROVIRA M, RIZO – ROCA D, et al. Swimming – induced exercise promotes hypertrophy and vascularization of fast skeletal muscle fibres and activation of myogenic and angiogenic transcriptional programs in adult zebrafish [J]. BMC Genomics, 2014, 15(1): 1136.

[62] OHNESORGE N, VIEMANN D, SCHMIDT N, et al. Erk5 activation elicits a vasoprotective endothelial phenotype via induction of Krüppel – like factor 4 (KLF4) [J]. Journal of Biological Chemistry, 2010, 285 (34): 26199 – 26210.

[63] SUE N, JACK B H, EATON S A, et al. Targeted disruption of the basic Kruppel – like factor gene (KLF3) reveals a role in adipogenesis [J]. Molecular and Cellular Biology, 2008, 28(12): 3967 – 3978.

[64] HIMEDA C L, RANISH J A, PEARSON R C, et al. KLF3 regulates muscle – specific gene expression and synergizes with serum response factor on KLF binding sites [J]. Molecular and Cellular Biology, 2010, 30 (14): 3430 –3443.

[65] ZHANG Z W, WU C Y, LI H, et al. Expression and functional analyses of Krüppel – like factor 3 in chicken adipose tissue[J]. Bioscience, Biotechnology, and Biochemistry, 2014, 78(4): 614 –623.

[66] KNIGHTS A J, YIK J J, MAT J H, et al. Krüppel – like factor 3 (KLF3/ BKLF) is required for widespread repression of the inflammatory modulator Galectin – 3 (Lgals3) [J]. Journal of Biological Chemistry, 2016, 291(31): 16048 –16058.

[67] PARAKATI R, DIMARIO J X. Repression of myoblast proliferation and fibroblast growth factor receptor 1 promoter activity by KLF10 protein[J]. Journal of Biological Chemistry, 2013, 288(19): 13876 –13884.

[68] MIYAKE M, HAYASHI S, IWASAKI S, et al. TIEG1 negatively controls the myoblast pool indispensable for fusion during myogenic differentiation of C_2C_{12} cells[J]. Journal of Cellular Physiology, 2011, 226(4): 1128 –1136.

[69] KAMMMOUN M, POULEAUT P, CANON F, et al. Impact of TIEG1 deletion on the passive mechanical properties of fast and slow twitch skeletal muscles in female mice[J]. Plos One, 2016, 11(10): e164566.

[70] WANG J, CHEN T, FENG F, et al. KLF15 regulates slow myosin heavy chain expression through NFATc1 in C_2C_{12} myotubes[J]. Biochemical and Biophysical Research Communications, 2014, 446(4): 1231 –1236.

[71] HALDAR S M, JEYARAJ D, ANAND P, et al. Krüppel – like factor 15 regulates skeletal muscle lipid flux and exercise adaptation[J]. Proceedings of the National Academy of Sciences of the United States of America, 2012, 109 (17): 6739 –6744.

[72] SHIMIZU N, YOSHIKAWA N, ITO N, et al. Crosstalk between glucocorticoid receptor and nutritional sensor mTOR in skeletal muscle[J]. Cell Metabolism, 2011, 13(2): 170 –182.

[73] IM S S, KWON S K, KIM T H, et al. Regulation of glucose transporter type 4 isoform gene expression in muscle and adipocytes[J]. IUBMB Life, 2007, 59 (3): 134 – 145.

[74] YAMAMOTO J, IKEDA Y, IGUCHI H, et al. A Krüppel – like factor KLF15 contributes fasting – induced transcriptional activation of mitochondrial acetyl – CoA synthetase gene AceCS2[J]. Journal of Biological Chemistry, 2004, 279 (17): 16954 – 16962.

[75] ZHAO Z D, ZAN L S, LI A N, et al. Characterization of the promoter region of the bovine long – chain acyl – CoA synthetase 1 gene: roles of E2F1, Sp1, KLF15, and E2F4[J]. Scientific Reports, 2016, 6: 19661.

第3章 鸡 *KLF2* 的克隆、表达和功能研究

3.1 引言

KLF2 最初被报道为肺特异表达的 Krüppel 样因子（lung – specific Krüppel – like factor, LKLF），是 KLF 家族的一个成员。人 KLF2 在 N – 末端含有转录抑制结构域和转录激活结构域，转录抑制结构域能够特异性地结合 WW 结构域 – E3 泛素蛋白连接酶 1（WW domain – containing E3 ubiquitin protein ligase 1, WWP1），WWP1 能降低 KLF2 的转录活性并促进其降解。小鼠和人 *KLF2* 都在肺中高水平表达，在心脏、肌肉、脾、淋巴、胰腺和其他组织中低水平表达。

*KLF*2 基因敲除（*KLF2*$^{-/-}$）小鼠在胚胎期的 E11.5 和 E13.5 发生死亡，死亡原因包括生长迟缓、颅面畸形、腹部出血和贫血等，表明 *KLF*2 在胚胎发育过程中具有重要作用。利用 *KLF*2$^{-/-}$ 胚胎干细胞构建嵌合体小鼠的研究表明，*KLF*2 基因的表达是肺组织正常发育必不可少的因素。此外，*KLF*2 基因在 T 细胞的分化和外周血 T 细胞循环控制方面也发挥了重要的作用。

过表达 *KLF*2 显著抑制 3T3 – L1 前脂肪细胞的分化，并且伴随着脂肪细胞分化标志基因氧化物酶体增殖物激活受体 γ（PPARγ），CCAAT 增强子结合蛋白 α（C/EBPα）和脂肪细胞决定和分化依赖因子 1/固醇调控元件结合蛋白 1c（ADD1/SREBP – 1c）的表达水平下调。对来自 *KLF*2$^{-/-}$ 小鼠的胚胎成纤维细胞（MEFs）的研究表明，*KLF*2 不影响多能干细胞到前脂肪细胞的决定，但是它

可以维持前脂肪细胞的状态并抑制其向成熟脂肪细胞分化。

虽然 *KLF*2 的功能已经在哺乳动物中受到了广泛的研究,但是目前还没有 *KLF*2 在鸟类中的研究报道。本书研究的目的是克隆鸡 *KLF*2 基因,分析其组织表达模式,并探讨其在鸡脂肪细胞分化过程中的功能。研究结果表明,*KLF*2 参与了鸡脂肪细胞的分化调控。

3.2　材料和方法

3.2.1　实验动物

本书进行的所有动物试验均按照中华人民共和国科学技术部颁发的《关于善待实验动物的指导性意见》(批准文号:2006 - 398)进行操作,并经东北农业大学实验动物伦理委员会批准通过。本书研究中共使用了东北农业大学高、低脂双向选择系 14 世代 1 ~ 12 周龄肉鸡(公鸡,东北农业大学阿城畜牧基地鸡场)108 只,其中高脂系 57 只,低脂系 51 只。经过 14 世代的双向选择,第 14 世代高脂系肉鸡 7 周龄腹脂率是低脂系肉鸡的4.45倍。本书研究中所用的所有的公鸡均饲养在条件一致的环境中,并提供足够的食物和水让其自由采食。从孵化到 3 周龄,高、低脂系肉鸡全部用育雏料饲喂(12 976 kJ/kg 的 ME 和 210 g/kg 的 CP),4 ~ 12 周龄的高、低脂系肉鸡用正常的生长饲料喂养 (12 558 kJ/kg的ME 和 190 g/kg 的 CP)。

3.2.2　组织取样

1 ~ 12 周龄,每周龄高、低脂系肉鸡各有 3 ~ 6 只被屠宰。在每个周龄,屠宰后均收集腹部脂肪组织。在 7 周龄,其他组织(包括肝脏、十二指肠、空肠、回肠、胸肌、腿肌、心脏、脾脏、肾脏、胰腺、腺胃、大脑、睾丸)也被收集。所有收集的组织利用75%(质量分数)的 NaCl 洗涤后,马上用液氮冻结,并储存到温度为 − 80 ℃ 的冰箱中,直到提取 RNA。

3.2.3 *KLF*2 基因克隆和载体构建

将从鸡腹部脂肪组织中提取的总 RNA 利用 Oligo(dT)引物和 ImProm - II 反转录试剂盒（Promega，美国麦迪逊）反转录成 cDNA。以 NCBI 核酸数据库预测的鸡 *KLF*2 序列（GenBank accession XM_418264）为参考序列设计引物 KLF2 - F1（5′ - ATGAATTCCCATGGCGCTGAGCGATAC - 3′）和 KLF2 - R1（5′ - TTCTCGAGCTACATGTGCCGCTTCATGTG - 3′），为了方便进一步构建载体，在引物的上下游分别加入了 *Eco*R I 酶和 *Xho* I 酶切位点。利用 *Ex Taq* 酶（Takara）、KLF2 - F1 和 KLF2 - R1 通过 PCR 技术克隆获得 *KLF*7 全长编码区序列。PCR 产物经过凝胶纯化后，克隆到了 pMD - 18T（Takara）载体进行测序（BGI，中国北京）。采用 DNAMAN 软件进行序列分析。测序验证正确后的产物经过 *Eco*R I 酶和 *Xho* I 酶（Takara）双酶切从 pMD - 18T 载体上释放出来。释放出的目的片段利用 T4 DNA 连接酶（Takara）将其亚克隆到预先做过相应处理的 pCMV - myc 载体（Clontech）上，获得鸡 *KLF*2 过表达质粒 pCMV - myc - KLF2。

鸡 *PPAR*γ 启动子报告基因载体 pGL3 - PPARγ(-1 978 ~ -82) 通过将鸡 *PPAR*γ 启动子区序列（序列 AB045597.1 的起始位点上游 -1 978 ~ -82 bp 的基因组序列）构建到 pGL3 - basic（Promega，美国麦迪逊）质粒上获得。鸡 *C/EBP*α 启动子报告基因载体 pGL3 - C/EBPα(-1 863/ +332) 通过将鸡 *C/EBP*α 启动子区序列（序列 X66844.1 的起始位点上游 -1 863 ~ +332 bp 的基因组序列）构建到 pGL3 - basi 质粒上获得。

3.2.4 鸡前脂肪细胞和成熟脂肪细胞的分离与培养

鸡前脂肪细胞(stromal - vascular,SV)和成熟脂肪细胞(fat cells, FC)，按照以下步骤分离得到:首先，从 12 日龄 AA 肉鸡中取腹部脂肪组织(3 ~ 5 g)，PBS 清洗 2 遍后，用 2 mg/mL 的 I 型胶原酶(Sigma)37 ℃消化 1 h，每隔 10 min 上下颠倒混匀 1 次。然后让消化后的组织液通过 100 μm × 600 μm 的滤网，除去未消化的组织块。收集过滤后的组织消化液,200 *g* 离心 10 min。然后静置

10 min,让细胞分层,取上层油烟状分离层即鸡成熟脂肪细胞,下层细胞再次经过红细胞裂解液处理后,200 *g*,离心 10 min,获得鸡前脂肪细胞。分离的鸡前脂肪细胞用全培养基[DMEM/F12 + 10% (质量分数) FBS + 1% (质量分数) K] 悬浮,以每平方厘米 1×10^5 个细胞的接种密度接种到细胞培养瓶中,然后在 37 ℃、5% (质量分数) CO$_2$ 的条件下培养。待细胞长到 70% ~ 90% 汇合(3 ~ 4 d)后,将细胞以每平方厘米 1×10^5 个细胞的密度传代,接种到 6 孔板上。接种 12 h 后,细胞长到 60% ~ 80% 汇合,转染 pCMV – myc – gKLF2 或空载体 (pCMV – myc)。转染 24 h 后,添加油酸到培养基中诱导其分化。

3.2.5　油红 O 染色与提取比色

鸡脂肪细胞诱导分化 48 h 后,弃去培养基,用 PBS 洗 3 次,在 10% (质量分数)的甲醛中固定 10 min。然后用蒸馏水冲洗固定液,用 0.5% (质量分数)的油红 O 染色 30 min。弃去多余的染色液,用 PBS 冲洗 2 次。油红 O 染色后,用异丙醇在室温下孵育 15 min,提取染料。获得的提取染料稀释 3 倍后,在 500 nm 的波长下测定吸光值。

3.2.6　RNA 的提取和反转录定量 PCR

RNA 的提取利用 Invitrogen 公司的 Trizol 试剂,按照说明书完成。反转录利用 Promega 公司的 ImProm – Ⅱ 反转录试剂盒,按照说明书操作完成。

定量 RT – PCR 来分析基因表达,甘油醛 3 – 磷酸脱氢酶(glyceraldehyde 3 – phosphate dehydrogenase, GAPDH) 的表达水平用作目的基因表达分析的内参。real – time PCR 利用 SYBR *Premix Ex Taq* (Takara, 中国大连) 和 ABI Prism 7500 sequence detection system(Applied Biosystems, 美国福斯特城)进行 real – time PCR,反应体系采用 20 μL 体系,在冰上配制,体系包括:cDNA 2 μL,2 份 SYBR *Premix Ex Taq* 10 μmol/L,PCR Forward (Reverse) Primer(10 μmol/L) 各 0.4 μL, 50 份 Rox Reference Dye Ⅱ 0.4 μL, ddH$_2$O 6.8 μL;反应条件为 95 ℃ 预变性 5 s,而后进行 40 个循环,每个循环包括 95 ℃,5 s 和 60 ℃,34 s。为了检测扩增效率和防止二聚体影响实验结果,40 个循环完成后进行熔解曲线(dissociation curves)检测。目的基因的相对表达量用 $2 - \Delta C_t$ 表示,$\Delta C_t = C_{t(\text{目的基因})} - C_{t(GAPDH)}$。此外,半定量 RT – PCR 采用 *Ex Taq*(Takara,中国大连)进行。为了避免基因组污染对结果的影响,所有定量 RT – PCR 分析引物均跨内含子设计,所用的引物的详见表 3 – 1。半定量 RT – PCR 的 PCR 条件详见表 3 – 2。

表 3 – 1　定量 RT – PCR 所用的引物

基因	参考序列	引物序列(5′ – 3′)
*GATA*2	NM_001003797	F:AACTGTGGAGCAACCGCTAC
		R:AGTCCGCAGGCATTACAAAC
*KLF*2	JQ687128	F:ATACCATCCTGCCCTCCTTC
		R:CTGCCCATGGAAAGGATAAA
C/EBPα	X66844	F:AGCTCGACCCGCTGTAC
		R:TGTCTTTTGGATTTGC
PPARγ	NM_001001460	F:CAACTCACTTATGGCTA
		R:CTTATTTCTGCTTTTCT
GAPDH	NM_204305	F:CTGTCAAGGCTGAGAACC
		R:GATAACACGCTTAGCACCA

表 3 – 2　半定量 RT – PCR 的 PCR 条件

基因	预变性	变性	退火	延伸	循环数	终延伸
*GATA*2	94 ℃,7 min	94 ℃,30 s	55 ℃,30 s	72 ℃,30 s	32	72 ℃,7 min
C/EBPα	94 ℃,7 min	94 ℃,30 s	62 ℃,30 s	72 ℃,30 s	34	72 ℃,7 min
*KLF*2	94 ℃,7 min	94 ℃,30 s	61 ℃,30 s	72 ℃,30 s	34	72 ℃,7 min
PPARγ	94 ℃,7 min	94 ℃,30 s	60 ℃,30 s	72 ℃,30 s	36	72 ℃,7 min
GAPDH	94 ℃,7 min	94 ℃,30 s	58 ℃,30 s	72 ℃,30 s	27	72 ℃,7 min

3.2.7　荧光素酶活性检测

利用补充了 10%(质量分数)胎牛血清(Gibco,美国纽约)的 DMEM/F12

培养基(Gibco，美国纽约)培养 DF - 1 细胞,DF - 12 细胞接种在 12 孔培养皿中。每孔细胞转染 1 μg 质粒,使用的 FuGENE HD 转染试剂(Roche,德国曼海姆)完成转染。报告基因分析所用的细胞转染体系详见表 3 - 3。转染 48 h 后,利用 1 份被动裂解缓冲液(Promega,美国麦迪逊)裂解细胞,回收裂解产物,利用双荧光素酶报告基因检测系统(Promega,美国麦迪逊)检测萤火虫荧光素酶活性和海肾荧光素酶活性。启动子活性表示为萤火虫荧光素酶活性/海肾荧光素酶活性。

表 3 - 3　报告基因分析所用的细胞转染体系

分组	报告基因质粒	pRL - TK	KLF2 过表达质粒混合物
PPARγ	pGL3 - basic - PPARγ (- 1 978/ - 82)	400 ng	8 ng	600 ng
C/EBPα	pGL3 - basic - C/EBPα (- 1 863/ + 332)	200 ng	10 ng	800 ng

注:本书共用到 5 种 pCMV - myc - gKLF2 和 pCMV - myc 质粒混合物,混合物 pCMV - myc - KLF2 与 pCMV - myc 的体积比分别是 3:0、2:1、1:1、1:2、0:3。

3.2.8　Western blotting 分析

前脂肪细胞转染 48 h 后,弃去培养基,在室温下用 PBS 洗 1 次细胞。利用 RIPA 缓冲液裂解细胞,将裂解液加入 5 倍加样缓冲液,在 100 ℃下加热 5 min,使蛋白质变性制备电泳蛋白样品。利用 5% ~ 12%(质量分数)的 SDS - 聚丙烯酰胺凝胶和 BIO - RAD 的 Mini - PROTEAN3 电泳系统对蛋白样品进行电泳分析。电泳结束后,采用 BIO - RAD 的 Mini Trans - Blot 将样品转移至 PVDF 膜。利用 5%(质量分数)的脱脂乳的 PBST 室温封闭 1 h。洗去膜上的封闭液,将膜孵育在含一抗(鸡 GAPDH 抗体购自碧云天,1:100;myc 标签抗体购自 Clontech,1:200)的 PBST[含 0.05%(质量分数)的吐温的 PBS]溶液,置于摇床上室温孵育 1 h。洗膜 3 次,每次 5 min,然后将膜孵育在含二抗(山羊抗小鼠购自碧云天,1:5 000)的 PBST 溶液,室温孵育 1 h。洗膜 3 次,每次 5 min。最后利用 BeyoECL Plus 试剂盒(碧云天)进行显色。

3.2.9　数据分析

数据表示为平均值 ± 标准差。利用 Shapiro – Wilk 检验检测数据是否符合正态分布。符合正态分布的数据,两组数据比较采用 Student's t – test;两组以上数据比较采用 GLM 过程和邓肯多重比较。组织样品的比较采用模型:

$$Y = \mu + A + L + A \times L + e \qquad (3-1)$$

式中,Y 为因变量;μ 为总体平均数;A 为年龄作为固定效应;L 为品系作为固定效应;e 为随机误差。

细胞样品采用模型

$$Y = \mu + F + e \qquad (3-2)$$

式中,Y 为因变量;μ 为总体平均数;F 为固定效应的各种因素(包括分化的时间点和 pCMV – myc – gKLF2 在质粒混合物中的浓度)。没有特殊说明的话,认为 $P < 0.05$ 差异显著。所有分析均采用 SAS 软件系统(9.2 版本)。

3.3　结果

3.3.1　鸡 KLF2 的克隆和序列分析

克隆测序结果显示,鸡 KLF2 全长编码区序列为 1 143 bp,编码 380 个氨基酸,推测的蛋白序列与鸡 KLF2 预测蛋白序列(GenBank accession: XP_418264.1)完全一致(氨基酸相似性为 100%)。获得的 DNA 序列已经提交到 GenBank 数据,获得登录号 JQ687128。此外,序列分析显示,鸡 KLF2 蛋白序列与人 KLF2 蛋白序列(GenBank accession: NP_057354)和小鼠 KLF2 蛋白序列(GenBank accession: NP_032478)保守性低(氨基酸相似性小于 60%)。

3.3.2　鸡 *KLF*2 的组织表达模式分析

利用 real – time PCR 分析东北农业大学高、低脂系 7 周龄肉鸡多种组织的表达模式发现,鸡 KLF2 在腹部脂肪组织中高水平表达,在胰腺、肌胃和脾脏中中水平表达,在脑、胸肌、腿肌、心脏、腺胃、十二指肠、空肠、回肠、肾脏、肝脏和睾丸中低水平表达(图 3 – 1)。此外,7 周龄时,高、低脂系间 *KLF*2 的表达水平在胸肌、空肠、腿部肌肉和胰腺中差异表达,并且高脂系肉鸡胸肌、空肠、腿部肌肉和胰腺组织中 *KLF*2 的表达水平显著高于低脂系肉鸡($P < 0.05$)。

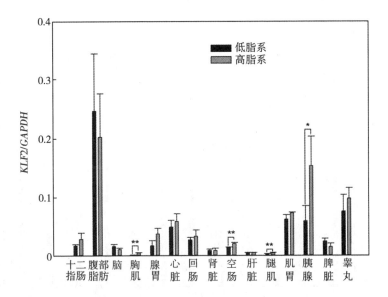

图 3 – 1　东北农业大学高、低脂系 7 周龄肉鸡 *KLF*2 的组织表达模式

利用 real – time PCR 分析东北农业大学高、低脂系 7 周龄肉鸡 *KLF*2 的组织表达模式时,鸡 *GAPDH* 作为内参。柱形图表示 *KLF*2 在特定组织中的相对表达量,误差线表示 3 个个体(公鸡)间的差异,“ * ”表示高、低脂系间存在显著差异(student's *t* – test),$0.01 \leqslant P < 0.05$(*)或 $P < 0.01$(**)。

3.3.3　鸡 *KLF*2 在脂肪组织生长发育过程中的表达模式

利用 real – time PCR 分析东北农业大学高、低脂系 1 ~ 12 周龄肉鸡腹部脂肪组织中 *KLF*2 的表达模式。结果显示,鸡 *KLF*2 在所有被检测个体的腹部脂肪组织中都有表达,并且统计分析显示,腹部脂肪组织中 *KLF*2 的相对表达量(*KLF*2/*GAPDH*)与周龄因素显著相关(*P* < 0.000 1)。 *KLF*2 的表达水平在发育的早期(1 ~ 3 周龄)逐渐下调,在 3 周龄时达到最低值,而后在 4 ~ 12 周龄逐渐上调(*P* < 0.01)(图 3 – 2)。

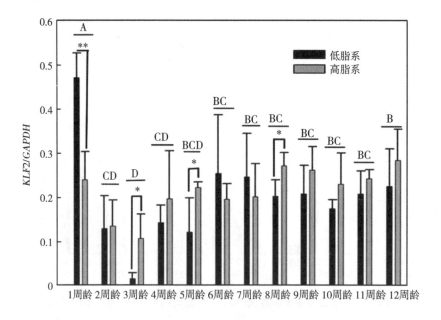

图 3 – 2　鸡 *KLF*2 在脂肪组织发育过程中的表达规律(1 ~ 12 周龄)

并没有发现肉鸡品系(高、低腹部脂肪含量)与肉鸡腹部脂肪组织 *KLF*2 的相对表达水平(*KLF*2/*GAPDH*)存在显著差异(*P* = 0.575 6)。然而肉鸡腹部脂肪组织 *KLF*2 的相对表达水平(*KLF*2/*GAPDH*)与肉鸡周龄和品系的互作效应显著相关(*P* = 0.000 2)。比较两系间各个周龄腹部脂肪组织中 *KLF*2 的表达水平发现,在 1 周龄时,低脂肉鸡腹部脂肪组织中 *KLF*2 的表达水平显著高于高脂肉鸡,而在 3、5 和 8 周龄时,低脂肉鸡腹部脂肪组织中 *KLF*2 的表达水平显著低于高脂肉鸡(*P* < 0.05)(图 3 - 2)。

利用 real - time PCR 的方法分析 1 ~ 12 周龄高、低脂系肉鸡腹部脂肪组织(高、低脂,每个品系 *N* ≥ 3)中 *KLF*2 的相对表达量时,*GAPDH* 作为内参,柱形图表示 *KLF*2 的相对表达量(平均数 ± 标准差),"*"表示两系间存在显著差异,0.01 ≤ *P* < 0.05 (*),*P* < 0.01 (**)。柱形图上不同的大写字母表示不同周龄间 *KLF*2 表达水平存在显著差异(*P* < 0.01)。

3.3.4　*KLF*2 在鸡前脂肪细胞分化过程中的表达模式

从肉鸡腹部脂肪组织分离前脂肪细胞和成熟脂肪细胞,利用 real - time PCR 分析前脂肪细胞和成熟脂肪细胞中 *KLF*2 的表达水平。结果显示,鸡 *KLF*2 在前脂肪细胞和成熟脂肪细胞中均有表达,并且前脂肪细胞中 *KLF*2 的表达水平显著高于成熟脂肪细胞(*P* < 0.01)[图 3 - 3(a)]。此外,real - time PCR 分析结果显示,在体外,随着油酸诱导的脂肪细胞分化进行,鸡 *KLF*2 在前脂肪细胞中的表达水平逐渐降低(*P* < 0.05)[图 3 - 3(b)]。

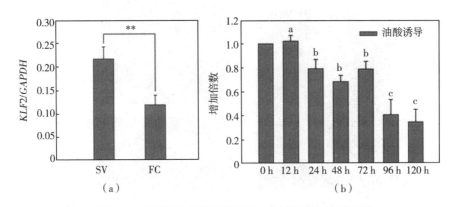

图 3 - 3　鸡 *KLF*2 在鸡脂肪细胞分化过程中的表达规律

图 3 - 3(a)为鸡 *KLF*2 在原代分离(未经培养)的鸡前脂肪细胞和成熟脂肪细胞中的表达规律。图 3 - 3(b)为鸡 *KLF*2 在油酸诱导分化的鸡前脂肪细胞中的表达规律诱导 0 ~ 120 h)。柱形图表示 *KLF*2 的相对表达量(平均数 ± 标准

差),柱形图上不同的小写字母表示组间 *KLF2* 表达量存在显著差异(*P* < 0.05)。

3.3.5 过表达 *KLF2* 对前脂肪细胞分化的影响

鸡前脂肪细胞中 *KLF2* 的相对表达量显著高于成熟脂肪细胞,提示了 *KLF2* 可能在鸡脂肪细胞分化中发挥负调控作用。为了验证这种假设,我们构建了一个可以在鸡前脂肪细胞中过表达 *KLF2* 的质粒 pCMV – myc – KLF2[图 3 – 4 (a)、(d)]。细胞转染 pCMV – myc – KLF2 质粒和空载体 pCMV – myc 质粒后,利用油酸诱导脂肪细胞分化,油红 O 染色和提取比色分析显示,与转染空载体(pCMV – myc)的鸡前脂肪细胞相比,过表达 *KLF2* 的鸡前脂肪细胞表现出了明显的脂滴积累减少[图 3 – 4(b)、(c)]。此外,表达分析显示,与转染空载体的鸡前脂肪细胞相比,过表达 *KLF2* 的鸡前脂肪细胞中脂肪细胞分化的标志基因 *PPARγ* 和 *C/EBPα* 表达水平下调,而抑制脂肪细胞分化的标志基因 *GATA2* 表达水平上调(*P* < 0.05)[图 3 – 4(d)]。*KLF2* 抑制鸡脂肪细胞分化。

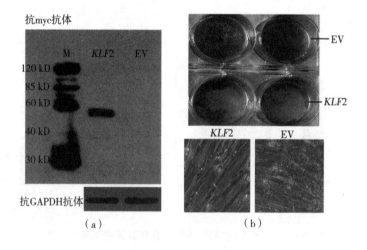

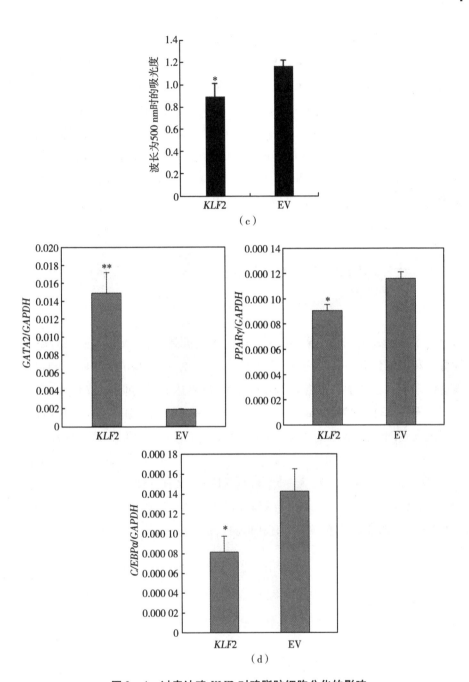

图 3-4　过表达鸡 *KLF*2 对鸡脂肪细胞分化的影响

鸡前脂肪细胞转染 pCMV – myc – KLF2（KLF2）或 pCMV – myc（empty vector，EV）质粒 1 d 后利用油酸诱导分化 48 h。图 3 – 4（a）为 Western blotting 分析转染 pCMV – myc – KLF2（KLF2）或 pCMV – myc（empty vector，EV）质粒的鸡前脂肪细胞 *KLF2* 的表达水平。图 3 – 4（b）为油红 O 对转染 pCMV – myc – KLF2（KLF2）或 pCMV – myc（empty vector，EV）质粒的鸡前脂肪细胞染色。图 3 – 4（c）为在波长为 500 nm 时，对油红 O 染色后的鸡前脂肪细胞进行提取比色，分析细胞中的脂滴含量测量。图 3 – 4（d）为利用 real – time PCR 分析鸡脂肪细胞中脂肪细胞分化标志基因的表达水平。"*"表示差异显著（student's *t* – test）为 $0.01 \leqslant P < 0.05$（*）或 $P < 0.01$（**）。

3.3.6 过表达 *KLF2* 对鸡 *C/EBPα*、*PPARγ* 和 *GATA2* 转录调控作用的影响

为了揭示 *KLF2* 抑制脂肪细胞分化的作用机制，利用荧光素酶报告基因活性分析和半定量 RT – PCR 分析了过表达 *KLF2* 对鸡 *C/EBPα*、*PPARγ* 和 *GATA2* 表达的影响。荧光素酶报告基因分析显示，过表达 *KLF2* 抑制鸡 *PPARγ* 启动子（ – 1 978/ – 82）和 *C/EBPα* 启动子（ – 1 863/ + 332）报告基因活性，并且抑制效果表现出了剂量依赖效应（$P < 0.05$）[图 3 – 5（a）]。半定量 RT – PCR 分析显示，过表达 *KLF2* 降低 DF – 1 细胞中内源性 *PPARγ* 的表达水平，并且增加内源性 *GATA2* 的表达水平[图 3 – 5（b）]。不过，没有在 DF – 1 细胞中检测到 *C/EBPα* 的表达[图 3 – 5（b）]。因此，过表达 *KLF2* 对 DF – 1 细胞中内源性 *C/EBPα* 表达的影响在本书中没有获得确切结论。

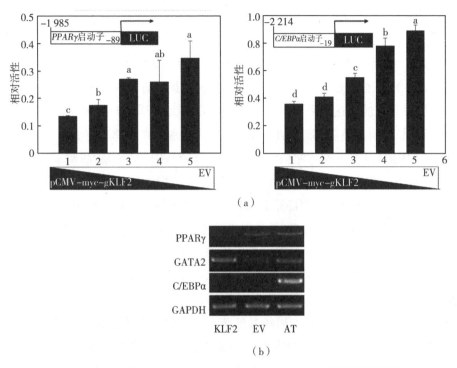

图 3 - 5　过表达 *KLF*2 对鸡 *PPARγ*、*C/EBPα* 和 *GATA*2 转录活性的影响

图 3 -5(a)为过表达 *KLF*2 对鸡 *PPARγ* 和 *C/EBPα* 启动子活性的影响,所用到的质粒混合物(1~5)中 pCMV - myc - KLF2 和 pCMV - myc(empty vector, EV)的体积比依次为 3∶0、2∶1、1∶1、1∶2 和 0∶3。柱形图上的小写字母表示差异显著(Duncan 多重检验,$P < 0.05$)。图 3 -5(b)为半定量 RT - PCR 分析脂肪细胞中过表达 *KLF*2 对 *PPARγ*、*C/EBPα* 和 *GATA*2 表达的影响,*GAPDH* 为内参。KLF2∶转染 pCMV - myc - KLF2 质粒的细胞;EV∶转染 pCMV - myc 质粒的细胞;AT∶鸡腹部脂肪组织。

3.4　讨论

KLF 是哺乳动物中一个具有多个成员的转录因子家族。基因预测结果显示,鸡基因组中存在多种 KLF;然而直到现在,鸡体内被研究过的 KLF 还很少。本书首次利用克隆和测序证实了鸡体内存在 KLF2 基因。此外,序列分析显示鸡 KLF2 蛋白序列与人和小鼠的 KLF2 序列相比相似性低。

组织表达分析显示，与人和小鼠的 *KLF*2 相似，鸡 *KLF*2 同样在多种组织中广泛表达。然而与人和小鼠 *KLF*2 不同的是，鸡 *KLF*2 在脂肪组织中高度表达。real - time PCR 分析显示，*KLF*2 在鸡脂肪组织生长发育过程(1~12 周龄)中持续表达，并且它的表达水平与肉鸡的周龄相关，提示了 KLF2 能调控鸡腹部脂肪组织的生长发育。鸡腹部脂肪组织 *KLF*2 的表达水平在腹部脂肪组织发育的早期(1~3 周龄)显著下调，并且在 1 周龄时，低脂系肉鸡腹部脂肪组织中 *KLF*2 的表达水平显著高于高脂系肉鸡，提示了 KLF2 在脂肪组织生长发育的早期可能发挥了副调控作用。鸡腹部脂肪组织 *KLF*2 的表达水平在腹部脂肪组织发育的后期(4~12 周龄)缓慢升高，并且在 3、5 和 8 周龄时，低脂系肉鸡腹部脂肪组织中 *KLF*2 的表达水平显著低于高脂系肉鸡，提示了 KLF2 可能在鸡腹部脂肪组织生长发育的晚期也发挥了调控作用。动物体内基因表达是一个动态的复杂过程，受到了诸如年龄之类的多种因素的调控。因此，低脂系肉鸡腹部脂肪组织中 *KLF*2 的表达水平在 1 周龄时显著高于高脂系肉鸡，而在 3、5 和 8 周龄时显著低于高脂系肉鸡的具体原因很难解释清楚。但这些数据提示，KLF2 可能在鸡脂肪组织生长发育中发挥调控作用，并且 KLF2 在高、低脂系间的表达差异有可能导致了两系间的性状差异。

与小鼠 *KLF*2 仅表达于前脂肪细胞不同，鸡 *KLF*2 在前脂肪细胞和成熟脂肪细胞中均有表达。这一结果提示了鸡 KLF2 在脂肪组织中的功能可能比小鼠 KLF2 和人 KLF2 更加复杂。

体外细胞水平的研究显示，鸡 *KLF*2 和小鼠 *KLF*2 的表达水平都随着脂肪细胞的分化而下降，并且与小鼠 *KLF*2 相同，鸡 *KLF*2 过表达抑制鸡前脂肪细胞的分化，这一结果与哺乳动物 *KLF*2 的研究结果一致，表明鸡 *KLF*2 同样在脂肪组织形成中发挥负调控作用。

脂肪组织形成是一个多种转录因子参与调控的复杂过程，PPARγ 和 C/EBPα 是脂肪组织形成的两个关键调控因子。在研究中我们发现，与小鼠 *KLF*2 相似，过表达鸡 *KLF*2 抑制 *PPAR*γ 启动子活性。此外，过表达 *KLF*2 抑制鸡 *C/EBP*α 启动子活性。这些结果与过表达 *KLF*2 后前脂肪细胞中 *C/EBP*α 和 *PPAR*γ 的表达模式一致，表明了 *KLF*2 通过抑制 *C/EBP*α 和 *PPAR*γ 的表达抑制鸡脂肪细胞分化。

定量 RT - PCR 分析显示,过表达鸡 *KLF2* 促进前脂肪细胞和 DF - 1 细胞中 *GATA2* 的表达水平,目前这一结果还没有在其他的物种中报道过。前期研究结果显示,在 DF - 1 细胞中过表达 *GATA2* 抑制鸡 *PPARγ* 的转录。因此,KLF2 可能有两种途径去抑制鸡前脂肪细胞分化。第一种途径是,像小鼠 KLF2 一样,鸡 KLF2 直接与鸡 *PPARγ* 在启动子上结合,通过抑制 *PPARγ* 和 *C/EBPα* 的表达,抑制前脂肪细胞的分化。另一种途径是,鸡 KLF2 通过促进一个已知的脂肪细胞分化抑制因子 *GATA2* 表达,间接抑制 *PPARγ* 的表达,抑制前脂肪细胞分化(图 3 -6)。

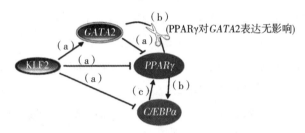

图 3 -6　KLF2 作用于鸡前脂肪细胞分化的模式图
(a)本书研究证实;(b)文献证实;(c)文献证实

值得注意的是,虽然 *C/EBPα* 启动子在 DF - 1 细胞中具有活性,并且对 *KLF2* 的过表达具有反应,但是利用 RT - PCR 的方法在 DF - 1 细胞中没有检测到 *C/EBPα* 的表达。这种不一致可能是染色体上的 *C/EBPα* 启动子和报告基因质粒上的 *C/EBPα* 启动子不完全一致造成的。报告基因质粒上的 *C/EBPα* 启动子不具有染色体上那样复杂的结构,它不具有组蛋白,因此可能不会完全反映染色体上 *C/EBPα* 启动子的功能。也有可能是因为 DF - 1 细胞中的 *C/EBPα* 启动子发生了遗传学或表观遗传学变异,例如染色体缺失或者基因突变导致了 DF - 1 细胞中 *C/EBPα* 表达的丢失。这种不一致也有可能是其他的未知因素造成的,确切的分子机制还需要进一步研究确认。

总之,本书研究显示 KLF2 至少可以通过直接或间接抑制 *PPARγ* 和 *C/EBPα* 基因的表达来抑制鸡脂肪细胞分化。

参考文献

[1] ANDERSON K P, KERN C B, CRABLE S C, et al. Isolation of a gene encoding a functional zinc finger protein homologous to erythroid Krüppel – like factor: identification of a new multigene family [J]. Molecular and Cellular Biology, 1995, 15(11): 5957 – 5965.

[2] KACZYNSKI J, COOK T, URRUTIA R. Sp1 – and Krüppel – like transcription factors [J]. Genome Biology, 2003, 4(2): 206.

[3] CONKRIGHT M D, WANI M A, LINGREL J B. Lung Krüppel – like factor contains an autoinhibitory domain that regulates its transcriptional activation by binding wwp1, an e3 ubiquitin ligase [J]. Journal of Biological Chemistry, 2001, 276(31): 29299 – 29306.

[4] ZHANG X, SRINIVASAN S V, LINGREL J B. WWP1 – dependent ubiquitination and degradation of the lung Krüppel – like factor, KLF2 [J]. Biochemical and Biophysical Research Communications, 2004, 316(1): 139 – 148.

[5] WANI M A, CONKRIGHT M D, JEFFRIES S, et al. 1999. Cdna isolation, genomic structure, regulation, and chromosomal localization of human lung Krüppel – like factor [J]. Genomics, 1999, 60(1): 78 – 86.

[6] SU A I, WILTSHIRE T, BATALOV S, et al. A gene atlas of the mouse and human protein – encoding transcriptomes [J]. Proceedings of the National Academy of Sciences of the United States of America, 2004, 101(16): 6062 – 6067.

[7] WANI M A, MEANS R J, LINGREL J B. Loss of LKLF function results in embryonic lethality in mice [J]. Transgenic Research, 1998, 7(4): 229 – 238.

[8] WANI M A, WERT S E, LINGREL J B. Lung Krüppel – like factor, a zinc finger transcription factor, is essential for normal lung development [J]. Journal of Biological Chemistry, 1999, 274(30): 21180 – 21185.

[9] KUO C T, VESELITS M L, LEIDEN J M. LKLF: a transcriptional regulator of single – positive T cell quiescence and survival [J]. Science, 1997, 278(5339): 1986 – 1990.

[10]CARLSON C M, ENDRIZZI B T, WU J, et al. Krüppel – like factor 2 regulates thymocyte and T – cell migration[J]. Nature, 2006, 442(7100): 299 –302.

[11]BANERJEE S S, FEINBERG M W, WATANABE M, at el. The Krüppel – like factor KLF2 inhibits peroxisome proliferator – activated receptor – gamma expression and adipogenesis[J]. Journal of Biological Chemistry, 2003, 278 (4): 2581 –2584.

[12]WU J, SRINIVASAN S V, NEUMANN J C, et al. The *KLF*2 transcription factor does not affect the formation of preadipocytes but inhibits their differentiation into adipocytes[J]. Biochemistry, 2005, 44(33): 11098 – 11105.

[13]GUO L, SUN B, SHANG Z, et al. Comparison of adipose tissue cellularity in chicken lines divergently selected for fatness[J]. Poultry Science, 2011, 90 (9): 2024 –2034.

[14]LEFTEROVA M I, LAZAR M A. New developments in adipogenesis[J]. Trends in Endocrinology and Metabolism, 2009, 20(3): 107 –114.

[15]FARMER S R. Transcriptional control of adipocyte formation[J]. Cell Metabolism, 2006, 4(4): 263 –273.

[16]ROSEN E D, MACDOUGALD O A. Adipocyte differentiation from the inside out[J]. Nature Reviews Molecular Cell Biology, 2006, 7(12): 885 –896.

[17]ZHANG Z W, CHEN Y C, PEI W Y, et al. Overexpression of chicken GATA2 or gata3 suppressed the transcription of PPARγ gene[J]. Chinese Journal of Biochemistry and Molecular Biology, 2012, 28: 835 –842.

[18]TONG Q, DALGIN G, XU H, et al. Function of gata transcription factors in preadipocyte – adipocyte transition [J]. Science, 2000, 290 (5489): 134 –138.

[19]王丽,那威,王宇祥, 等. 鸡 PPARγ 基因的表达特性及其对脂肪细胞增殖分化的影响[J]. 遗传,2012,34(4):76 –86.

[20]DING N , GAO Y, WANG N, et al. Functional analysis of the chicken PPARγ gene 5′ – flanking region and C/EBPα – mediated gene regulation[J]. Comparative Biochemistry & Physiology Part B Biochemistry & Molecular Biology, 2011, 158(4):297 –303.

第4章　过表达 *KLF2* 调控鸡 *PPARγ* 和 *C/EBPα* 的启动子活性

4.1　引言

PPARγ 和 C/EBPα 是两个被广泛关注的多功能转录因子。PPARγ 在肥胖、2 型糖尿病、心血管疾病以及肝癌、肺癌和膀胱癌等多种癌症的发生和发展中起重要作用;C/EBPα 已被证实在肥胖和血液疾病以及肺癌和头颈鳞状细胞癌等多种癌症的发生和发展中发挥作用。

KLF2 是 KLF 家族的一个成员,又被称为肺特异 KLF(lung KLF,LKLF)。*KLF2* 在人和动物的肺、心脏、脾脏、淋巴、胰腺、肌肉和脂肪等多种器官和组织中表达,参与调控肺发育、胚胎红细胞生成、血管内皮功能维持、免疫细胞活化和脂肪细胞形成等多种生理过程。研究报道提示,在开发治疗 1 型糖尿病、自身免疫反应、肥胖、肝脏疾病、肺癌、阿尔茨海默病和脑海绵状血管畸形等疾病的新药物时,KLF2 可作为潜在的靶位点。

关于哺乳动物和鸡原代前脂肪细胞的研究显示,过表达 *KLF2* 可以通过抑制 *PPARγ* 和 *C/EBPα* 的表达来抑制脂肪细胞分化。进一步研究 KLF2 对 PPARγ 和 C/EBPα 的转录调控机制,有助于揭示 KLF2 在肥胖、糖尿病和心血管疾病等多种疾病中的作用机制。目前,*KLF2* 对不同长度 *PPARγ* 和 *C/EBPα* 启动子活性的调控作用还没有文献报道过。本书利用荧光素酶报告基因分析技术研究了过表达 *KLF2* 对 6 个不同长度鸡 *PPARγ* 启动子和 5 个不同长度鸡

C/EBPα 启动子活性的影响。

4.2　材料和方法

4.2.1　材料

AA 肉鸡由本课题组饲养。鸡胚成纤维细胞 DF – 1 细胞系购自上海酶研生物。TRIzol 试剂、DMEM/F12 培养基和胎牛血清（fetal bovine serum，FBS）购自 Invitrogen 公司（美国）。GAPDH 单克隆抗体（GAPDH antibody，mAb）、辣根过氧化酶标记的山羊抗小鼠 IgG 和 ECL 显色试剂盒购自碧云天生物技术公司（中国北京）。小鼠抗 myc 标签 mAb 购自 Clontech 公司（美国）。ImProm – Ⅱ 反转录试剂盒、FuGENE HD 转染试剂、pRL – TK 质粒和 Dual – Luciferase Reporter Assay System 购自 Promega 公司（美国）。*Eco*R Ⅰ 酶、*Xho* Ⅰ 酶和 T4 – DNA 连接酶购自宝生物工程公司（中国大连）。

4.2.2　RNA 的提取和反转录

利用 TRIzol 试剂提取 RNA，按照说明书操作。反转录利用 ImProm – Ⅱ 反转录试剂盒并采用试剂盒自带的 Oligo（dT）引物为反转录引物，按照说明书操作。

4.2.3　载体构建

以 7 周龄 AA 肉鸡腹部脂肪组织 cDNA 为模板，设计上游引物为 ATGAAT-TCCCATGGCGCTGAGCGATAC，下游引物为 TTCTCGAGCTACATGTGCCGCT-TCATGTG。利用 PCR、琼脂糖凝胶电泳和胶回收纯化技术获得鸡 *KLF2* 基因全长 cDNA 序列，构建到 pMD – 18T 载体进行测序，测序验证正确后，利用 *Eco*R Ⅰ 酶和 *Xho* Ⅰ 酶双酶切处理 pMD – 18T – KLF2 质粒，回收纯化后，利用 T4 – DNA 连接酶将其构建到 pCMV – myc 载体上获得 *KLF2* 过表达质粒 pCMV –

myc – KLF2。

本书研究中所用到的 6 个鸡 *PPARγ* 报告基因质粒分别为：pGL3 – basic – PPARγ(– 1 978/ – 82)、pGL3 – basic – PPARγ(– 1 513/ – 82)、pGL3 – basic – PPARγ(– 1 254/ – 82)、pGL3 – basic – PPARγ(– 1 019/ – 82)、pGL3 – basic – PPARγ(– 513/ – 82)和 pGL3 – basic – PPARγ(– 320/ – 82)。5 个鸡 *C/EBPα* 启动子基因质粒分别为：pGL3 – basic – C/EBPα(– 1 863/ + 332)、pGL3 – basic – C/EBPα(– 1 318/ + 332)、pGL3 – basic – C/EBPα(– 891/ + 332)、pGL3 – basic – C/EBPα(– 538/ + 332)和 pGL3 – basic – C/EBPα(– 123/ + 332)。

4.2.4　鸡成纤维细胞系 DF – 1 培养

鸡成纤维细胞 DF – 1 细胞系培养在补充了 100 mL/L FBS 的 DMEM/F12 培养液中，在 37℃、50 mL/L CO_2 的条件下培养。

4.2.5　细胞转染

DF – 1 细胞汇合至 80% 时进行细胞转染，转染 pCMV – myc – KLF2 质粒的细胞作为过表达 *KLF2* 的实验组，转染 pCMV – myc 空载体质粒的细胞作为对照组。质粒转染的体系分别是：(1) *PPARγ* 启动子报告基因组，pCMV – myc – KLF2(或 pCMV – myc) 质粒 0.6 μg、pRL – TK 质粒 0.008 μg 和 pGL3 – basic – PPARγ(– 1 978/ – 82 或 – 1 513/ – 82 或 – 1 254/ – 82 或 – 1 019/ – 82 或 – 513/ – 82 或 – 320/ – 82)质粒 0.4 μg；(2) *C/EBPα* 启动子报告基因组，pCMV – myc – KLF2(或 pCMV – myc)质粒 0.8 μg、pRL – TK 质粒 0.005 μg 和 pGL3 – basic – C/EBPα(– 1 863/ + 332 或 – 1 318/ + 332 或 – 891/ + 332 或 – 538/ + 332 或 – 123/ + 332)质粒 0.2 μg。将上述比例的质粒混合物按照 FuGENE HD 转染试剂说明书操作，转染到 12 孔板培养的 DF – 1 细胞中。

4.2.6　荧光素酶活性检测

DF – 1 细胞转染后，继续培养 48 h，按 Dual – Luciferase Reporter Assay System 说明书操作裂解回收细胞,检测萤火虫荧光素酶和海参荧光素酶双报告基因活性,启动子活性用萤火虫荧光素酶和海肾荧光素酶的比值(Fluc/Rluc)表示,所有报告基因实验均经过 3 次重复。

4.2.7　Western blotting 法检测 myc – KLF2 融合蛋白表达

DF – 1 细胞转染 pCMV – myc – KLF2 或 pCMV – myc 质粒 2 d 后,弃去培养基,在室温下用 PBS 清洗 1 次细胞。按照每孔 0.15 mL 的量加入细胞裂解液,放置于冰上,轻轻摇动,作用 15 min 裂解细胞,裂解完成后,用干净的细胞刮将细胞刮于培养孔的一侧,将裂解液移至 1.5 mL 离心管中。4 ℃、10 000 *g* 离心 10 min,上清即为细胞总裂解物。取细胞总裂解物 40 μg,加入等体积的 2 份上清缓冲液,100 ℃ 加热 5 min 使蛋白样品变性。每个样品取 10 μL,利用 Mini – PROTEAN3 电泳系统进行 SDS – PAGE。电泳结束后,采用 Mini Trans – Blot 系统将蛋白样品由 PAGE 胶上转移至硝酸纤维素膜。利用含有 5 g/L 脱脂乳的 PBST(含 0.5 mL/L 吐温的 PBS)室温封闭 1 h。洗去膜上的封闭液,将膜孵育小鼠抗鸡 GAPDH mAb(1:100)、小鼠抗 myc 标签单抗 mAb(1:200),置于水平摇床上,室温作用 1 h;用 PBST 洗膜 3 次,每次 5 min,然后将膜孵育辣根过氧化酶标记的山羊抗小鼠二抗(1:5 000),置于水平摇床上,室温作用 1 h;用 PBST 洗膜 3 次,每次 5 min,之后进行常规 ECL 显色。

4.2.8　统计学分析

数据以平均值 ± 标准差表示,所有数据采用 SAS9.2 软件进行分析,数据正态分布采用 Shapiro – Wilk 检验,两组数据之间的分析采用双尾 *t* 检验,多组数据之间的比较采用方差分析(ANOVA)和 DUNCAN 多重检验。$P < 0.05$ 为差异有统计学意义。

4.3 结果

4.3.1 鸡 *KLF*2 基因全长编码区的克隆及其过表达载体构建

根据 NCBI 上提供的鸡 *KLF*2 基因 mRNA 预测序列(GenBank 检索号为 XM_418264)设计 *KLF*2 全长编码区(coding sequence, CDS)克隆引物,以肉鸡腹部脂肪组织 cDNA 为模板进行 PCR,扩增出 1 条长度约为 1 100 bp 的特异性条带[图 4-1(a)]。测序结果显示,克隆的鸡 *KLF*2 编码区序列包括起始密码子和终止密码子,长 1 143 bp,编码 380 个氨基酸,与鸡 *KLF*2 预测序列的 DNA 序列相似性为 99.83%,所得序列已经提交 NCBI GenBank 数据库(检索号为 JQ687128)。

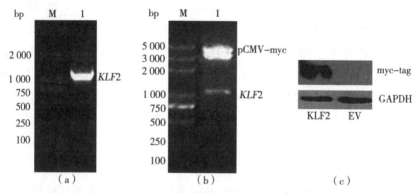

图 4-1 鸡 *KLF*2 基因的 PCR 扩增及其载体构建

图 4-1(a)为鸡 *KLF*2 全长编码区 PCR 扩增电泳图,M 为 DNA marker,1 为 PCR 产物。图 4-1(b)为 pCMV-myc-KLF2 质粒双酶切电泳图,M 为 DNA marker,1 为 pCMV-myc-KLF2 质粒的 *Eco*R Ⅰ和 *Xho* Ⅰ双酶切产物。图 4-1 (c)为转染 pCMV-myc-KLF2 质粒的 DF-1 细胞表达 KLF2 融合蛋白情况, KLF2 为转染 pCMV-myc-KLF2 质粒的 DF-1 细胞,EV 为转染 pCMV-myc 质粒的 DF-1 细胞。

将获得的鸡 *KLF*2 全长编码区序列利用定向克隆技术构建到 pCMV － myc 载体获得 pCMV － myc － KLF2 质粒,*Eco*R Ⅰ 酶和 *Xho* Ⅰ 酶双酶切鉴定显示 pCMV － myc － KLF2 构建成功[图 4 － 1(b)],Western blotting 法分析显示,转染 pCMV － myc － KLF2 质粒的 DF － 1 细胞系成功表达出了带有 myc 标签的 KLF2 融合蛋白[图 4 － 1(c)]。

4.3.2　*KLF*2 过表达对 6 个不同长度鸡 *PPARγ* 启动子活性的影响

荧光素酶活性分析显示,与对照组(转染空载体 pCMV － myc 质粒的 DF － 1 细胞,EV)相比,过表达 *KLF*2(转染 pCMV － myc － KLF2 质粒的 DF － 1 细胞, KLF2)显著抑制鸡 *PPARγ* 启动子(－ 1 978/ － 82、 － 1 513/ － 82、 － 1 254/ － 82 和 － 1 019/ － 82)报告基因的荧光素酶活性($P < 0.05$)(图 4 － 2),而对(－ 513/ － 82 和 － 320/ － 82)报告基因的荧光素酶活性无显著影响($P > 0.05$)(图 4 － 2)。

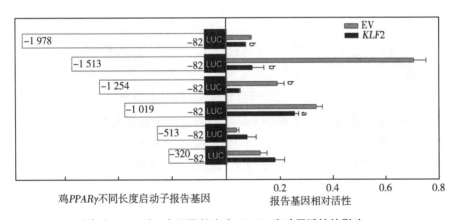

图 4 － 2　过表达 *KLF*2 对 6 个不同长度鸡 *PPARγ* 启动子活性的影响
注:EV 为转染空载体 pCMV － myc 质粒;*KLF*2 为转染 pCMV － myc － KLF2 质粒;a 为 $P < 0.05$ *KLF*2 过表达组(KLF2) vs 对照组(EV);b 为 $P < 0.01$ *KLF*2 过表达组 vs 对照组(EV)。

比较过表达 *KLF*2 对 4 个不同长度 *PPARγ* 启动子(－ 1 978/ － 82、 － 1 513/ － 82、 － 1 254/ － 82 和 － 1 019/ － 82)活性的影响,结果显示过表达 *KLF*2 对鸡 *PPARγ* 启动子(－ 1 513/ － 82 和 － 1 254/ － 82)报告基因荧光素酶活性的抑制

能力显著高于其对鸡 *PPARγ* 启动子(−1 978/ −82 和 −1 019/ −82)报告基因荧光素酶活性的抑制能力($P < 0.05$)(表4−1)。

表4−1 过表达 *KLF2* 对6个不同长度的鸡 *PPARγ* 启动子活性的比较

分组(转染的 *PPARγ* 启动子类型)	作用能力 ln(*KLF2*/EV)
pGL3 − basic − PPARγ(−1 978/ −82)	−0.27 ± 0.13 a
pGL3 − basic − PPARγ(−1 513/ −82)	−1.91 ± 0.57 c
pGL3 − basic − PPARγ(−1 254/ −82)	−1.39 ± 0.12 e
pGL3 − basic − PPARγ(−1 019/ −82)	−0.25 ± 0.06 g
pGL3 − basic − PPARγ(−513/ −82)	NS
pGL3 − basic − PPARγ(−320/ −82)	NS

注:不同字母表示相互之间差异显著,a、c、e、g 表示 $P < 0.05$ vs 其余各组数据(DUN-CAN 多重检验),NS 表示过表达 *KLF2* 与空载体之间无显著差异(未获得有效数据)。

4.3.3 *KLF2* 过表达对5个不同长度 *C/EBPα* 启动子活性的影响

荧光素酶活性分析显示,与对照组相比,在 DF −1 细胞中过表达 *KLF2* 显著抑制鸡 *C/EBPα* 启动子(−1 863/ +332)报告基因的荧光素酶活性($P < 0.05$)(图4−3),促进 *C/EBPα* 启动子(−1 318/ +332、−891/ +332、−538/ +332 和 −123/ +332)报告基因的荧光素酶活性($P < 0.05$)(图4−3)。

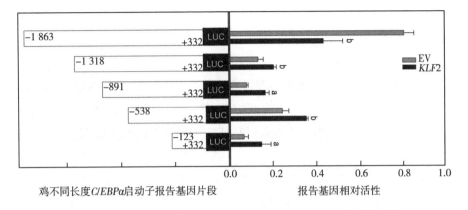

鸡不同长度*C/EBPα*启动子报告基因片段　　　　报告基因相对活性

图 4 - 3　过表达 *KLF*2 对 5 个不同长度鸡 *C/EBPα* 启动子活性的影响

注:EV 为转染空载体 pCMV - myc 质粒;*KLF*2 为转染 pCMV - myc - KLF2 质粒;a 为 P < 0.05 *KLF*2 过表达组(KLF2)vs 对照组(EV) ;b 为 P < 0.01 *KLF*2 过表达组 vs 对照组(EV)。

比较过表达 *KLF*2 对 5 个不同长度 *C/EBPα* 启动子活性的作用,结果显示,过表达 *KLF*2 对鸡 *C/EBPα* 启动子(- 1 863/ + 332)报告基因荧光素酶活性的抑制能力显著高于对其他 4 个不同长度鸡 *C/EBPα* 启动子报告基因荧光素酶活性的抑制能力(P < 0.05)(表 4 -2)。此外,过表达 *KLF*2 对其他 4 个不同长度鸡 *C/EBPα* 启动子(- 1 318/ + 332、- 891/ + 332、- 538/ + 332 和 - 123/ + 332)报告基因荧光素酶活性相互之间的作用能力无显著差异(P > 0.05)(表 4 -2)。

表 4 -2　过表达 *KLF*2 对 5 个不同长度 *C/EBPα* 启动子活性的作用能力比较

分组(转染的 *C/EBPα* 启动子类型)	作用能力 ln(*KLF*2/EV)
pGL3 - basic - C/EBPα(-1 863/ +332)	-0.63 ± 0.27 a
pGL3 - basic - C/EBPα(-1 318/ +332)	0.38 ± 0.12 c
pGL3 - basic - C/EBPα(-891/ +332)	0.82 ± 0.41 c
pGL3 - basic - C/EBPα(-538/ +332)	0.76 ± 0.21 c
pGL3 - basic - C/EBPα(-123/ +332)	0.45 ± 0.18 c

注:不同字母表示相互之间差异显著,a、c 为 P < 0.05 vs 其余各组数据(DUNCAN 多重检验)。

4.4 讨论

KLF2 参与人体多种生理和病理过程的调控。近年来,关于 KLF2 的功能研究逐渐成为生命科学研究的一个热点。PPARγ 和 C/EBPα 在多种疾病中的作用已经在研究报道中得到证实。对 3T3 – L1 细胞的研究显示 KLF2 至少可以通过与 *PPARγ2* 转录起始位点上游 –93 ~ –82 bp 的 2 个串联的 KLF 结合位点结合抑制 *PPARγ* 表达。此外,对鸡原代前脂肪细胞的研究显示,*KLF2* 过表达能够抑制 *PPARγ* 转录,提示了抑制 PPARγ 表达可能是 KLF2 在肥胖、糖尿病和心血管疾病等多种疾病的发生与发展中发挥作用的机制之一。

为了进一步揭示 KLF2 调控 *PPARγ* 表达的分子机制,本书分析了过表达 *KLF2* 对 6 个不同长度鸡 *PPARγ* 启动子活性的影响。结果显示,过表达 *KLF2* 抑制其中 4 个较长的鸡 *PPARγ* 启动子(–1 978/ –82、–1 513/ –82、–1 254/ –82 和 –1 019/ –82)的活性,但对 2 个较短的鸡 *PPARγ* 启动子(–513/ –82 和 –320/ –82)的活性无显著影响(图 4 –2);提示了在鸡 *PPARγ* 转录起始位点 –513 ~ –82 bp 序列区间没有介导 KLF2 作用的顺式调控元件,介导 KLF2 抑制作用的关键顺式调控元件可能存在于鸡 *PPARγ* 转录起始位点上游 –1 019~ –513 bp 的序列区间。

虽然过表达 *KLF2* 对多个鸡 *PPARγ* 启动子和小鼠 *PPARγ2* 核心启动子的活性都具有抑制作用,表明了 *KLF2* 能够通过作用于 *PPARγ* 启动子来抑制其表达,但是鸡 *PPARγ* 启动子上介导 *KLF2* 过表达作用的顺式调控元件的分布模式与小鼠 *PPARγ2* 启动子上的可能不完全相同。本书研究结果提示,在鸡 *PPARγ* 转录起始位点 –513 ~ –82 bp 序列区间没有介导 *KLF2* 过表达作用的顺式调控元件,但是在小鼠 *PPARγ2* 转录起始位点上游 –93 ~ –82 bp 的 2 个 *KLF* 结合位点能够部分介导 *KLF2* 抑制 *PPARγ2* 表达。

为了弄清在鸡 *PPARγ* 转录起始位点上游 –1 978 ~ –1 019 bp 序列区间是否存在其他介导 *KLF2* 作用的顺式调控元件,本书比较了过表达 KLF2 对 4 个较长的 *PPARγ* 启动子(–1 978/ –82、–1 513/ –82、–1 254/ –82 和 –1 019/ –82)活性的影响能力,结果显示,过表达 *KLF2* 对 *PPARγ* 启动子(–1 513/ –82)活性的抑制能力明显强于对 *PPARγ* 启动子(–1 978/ –82)活性的抑制能力,提示在鸡 *PPAR*γ 转录起始位点上游 -1 985 ~ -1 520 bp 序列区间可能存在介导降低 *KLF*2 抑制 *PPAR*γ 启动子活性能力的顺式调控元件。过表达 *KLF*2 对 *PPAR*γ 启动子(-1 254/ -82)活性的抑制效果明显强于对 *PPAR*γ 启动子(-1 019/ -82)活性的抑制能力,提示在鸡 *PPAR*γ 转录起始位点上游 -1 261 ~ -1 026 bp 序列区间可能存在介导增强 *KLF*2 抑制 *PPAR*γ 启动子活性能力的顺式调控元件。

对 3T3 – L1 细胞和鸡原代前脂肪细胞的研究显示,过表达 *KLF*2 能够抑制 *C/EBP*α 的表达,但目前 *KLF*2 调控 *C/EBP*α 表达的分子机制还不完全清楚,本书研究结果显示,过表达 *KLF*2 抑制鸡 *C/EBP*α 启动子(-1 863/ +332)活性,但会促进其他 4 个不同长度的 *C/EBP*α 启动子(-1 318/ +332、-891/ +332、-538/ +332 和 -123/ +332)的活性(图 4 -3),提示了 *KLF*2 抑制鸡 *C/EBP*α 启动子活性作用的实现需要鸡 *C/EBP*α 转录起始位点上游 -1 863 ~ -1 318 bp 序列的介导。

过表达 *KLF*2 抑制鸡 *C/EBP*α 启动子(-1 863/ +332)活性的研究结果与在 3T3 – L1 细胞和鸡原代前脂肪细胞中过表达 *KLF*2 抑制 *C/EBP*α 表达的研究报道一致,表明 *KLF*2 可能通过作用于 *C/EBP*α 启动子活性来抑制其转录。然而过表达 *KLF*2 促进 4 个不同长度的 *C/EBP*α 启动子(-1 318/ +332、-891/ +332、-538/ +332 和 -123/ +332)的活性的实验结果和已经报道的 *KLF*2 抑制 *C/EBP*α 表达的研究结果不一致。可能的原因是 *KLF*2 抑制 *C/EBP*α 表达是多种转录因子作用的结果,鸡 *C/EBP*α 转录起始位点上游 -1 863 ~ -1 318 *bp* 的序列的缺失,导致某个(些)转录因子结合位点的丢失,造成抑制 *C/EBP*α 转录的复合体不能完全形成,过表达 *KLF*2 不能抑制 *C/EBP*α 启动子活性。

*KLF*2 对 4 个不同长度的鸡 *C/EBP*α 启动子(-1 318/ +332、-891/ +332、-538/ +332 和 -123/ +332)活性的调控能力相互之间没有显著差异(表 4 -2),提示介导 *KLF*2 调控 *C/EBP*α 表达的关键顺式调控元件位于鸡 *C/EBP*α 核心启动子附近,即鸡 *C/EBP*α 转录起始位点上游 -123 ~ +332 bp 的序列区间;而在鸡 *C/EBP*α 转录起始位点上游 -1 318 ~ -123 bp 的序列区间可能没有介导 *KLF*2 调控 *C/EBP*α 表达的顺式调控元件存在。

综上所述,过表达 *KLF*2 对不同长度的鸡 *PPAR*γ 启动子和 *C/EBP*α 启动子的调控作用不完全相同。

参考文献

[1] DE SÁ P M, RICHARD A J, HANG H, et al. Transcriptional regulation of adipogenesis[J]. Comprehensive Physiology, 2017, 2(7): 635 –674.

[2] DEROSA G, SAHEBKAR A, MAFFIOLI P. The role of various peroxisome proliferator – activated receptors and their ligands in clinical practice[J]. Journal of Cellular Physiology, 2018, 233(1):153 –161.

[3] IVANOVA E A, MYASOEDOVA V A, MELNICHENKO A A, et al. Peroxisome proliferator – activated receptor (PPAR) gamma agonists as therapeutic agents for cardiovascular disorders: focus on atherosclerosis [J]. Current Pharmaceutical Design, 2017;23(7):1119 –1124.

[4] HSU H T, CHI C W. Emerging role of the peroxisome proliferator – activated receptor – gamma in hepatocellular carcinoma[J]. Journal of Hepatocellular Carcinoma, 2014, 1: 127 –135.

[5] REDDY A T, LAKSHMI S P, REDDY R C. PPARγ as a novel therapeutic target in lung cancer[J]. PPAR Research, 2016, 2016: 8972570.

[6] MANSURE J J, NASSIM R, KASSOUF W. Peroxisome proliferator – activated receptor gamma in bladder cancer: a promising therapeutic target[J]. Cancer Biology & Therapy. 2009, 8(7): 6 –15.

[7] AVELLINO R, DELWEL R. Expression and regulation of C/EBPalpha in normal myelopoiesis and in malignant transformation[J]. Blood, 2017,129(15): 2083 –2091.

[8] TADA Y, BRENA R M, HACKANSON B, et al. Epigenetic modulation of tumor suppressor CCAAT/enhancer binding protein alpha activity in lung cancer [J]. Journal of the National Cancer Institute, 2006, 98(6): 396 –406.

[9] BENNETT K L, HACKANSON B, SMITH L T, et al. Tumor suppressor activity of CCAAT/enhancer binding protein alpha is epigenetically down – regulated in head and neck squamous cell carcinoma[J]. Cancer Research, 2007, 67(10): 4657 –4664.

[10] DANG D T, PEVSNER J, YANG V W. The biology of the mammalian Krüppel – like family of transcription factors [J]. International Journal of Biochemistry & Cell Biology, 2000, 32(11 – 12): 1103 – 1121.

[11] ANDERSON K P, KERN C B, CRABLE S C, et al. Isolation of a gene encoding a functional zinc finger protein homologous to erythroid Krüppel – like factor: identification of a new multigene family [J]. Molecular and Cellular Biology, 1995, 15(11): 5957 – 5965.

[12] SU A I, WILTSHIRE T, BATALOV S, et al. A gene atlas of the mouse and human protein – encoding transcriptomes [J]. Proceedings of the National Academy of Science of the United States of America, 2004, 101 (16): 6062 – 6067.

[13] WANI M A, CONKRIGHT M D, JEFFRIES S, et al. cDNA isolation, genomic structure, regulation, and chromosomal localization of human lung Kruppel – like factor[J]. Genomics, 1999, 60(1): 78 – 86.

[14] WANI M A, WERT S E, LINGREL J B. Lung Krüppel – like factor, a zinc finger transcription factor, is essential for normal lung development[J]. Journal of Biological Chemistry, 1999, 274(30): 21180 – 21185.

[15] WANI M A, MEANS R T, LINGREL J B. Loss of LKLF function results in embryonic lethality in mice [J]. Transgenic Research, 1998, 7 (4): 229 – 238.

[16] NOVODVORSKY P, CHICO T J. The role of the transcription factor KLF2 in vascular development and disease [J]. Progress in Molecular Biology and Translational Science, 2014, 124: 155 – 88.

[17] CARLSON C M, ENDRIZZI B T, WU J, et al. Krüppel – like factor 2 regulates thymocyte and T – cell migration [J]. Nature, 2006, 442 (7100): 299 – 302.

[18] KUO C T, VESELITS M L, LEIDEN J M. LKLF: a transcriptional regulator of single – positive T cell quiescence and survival [J]. Science, 1997, 277 (5334): 1986 – 1990.

[19] ALBERTS – GRILL N, ENGELBERTSEN D, BU D, et al. Dendritic cell

KLF2 expression regulates T cell activation and proatherogenic immune responses[J]. Journal Immunology, 2016, 197(12): 4651 –4662.

[20] WU J, SRINIVASAN S V, NEUMANN J C, et al. The KLF2 transcription factor does not affect the formation of preadipocytes but inhibits their differentiation into adipocytes[J]. Biochemistry, 2005, 44(33): 11098 –11105.

[21] BANERJEE S S, FEINBERG M W, WATANABE M, et al. The Krüppel – like factor KLF2 inhibits peroxisome proliferator – activated receptor – gamma expression and adipogenesis[J]. Journal of Biological Chemistry, 2003, 278 (4): 2581 –2584.

[22] SERR I, FURST R W, OTT V B, et al. miRNA92a targets KLF2 and the phosphatase PTEN signaling to promote human T follicular helper precursors in T1D islet autoimmunity[J]. Proceedings of the National Academy of Science of the United States of America, 2016, 113(43): E6659 – E6668.

[23] LEE H, KANG R, KIM Y S, et al. Platycodin D inhibits adipogenesis of 3T3 – L1 cells by modulating Krüppel – like factor 2 and peroxisome proliferator – activated receptor gamma [J]. Phytotherapy Resarch, 2010, 24 Suppl 2: S161 – S167.

[24] MANAVSKI Y, ABEL T, HU J, et al. Endothelial transcription factor KLF2 negatively regulates liver regeneration via induction of activin A[J]. Proceedings of the National Academy of Science of the United States of America, 2017, 114(15): 3993 –3998.

[25] JIANG W, XU X, DENG S, et al. Methylation of Krüppel – like factor 2 (KLF2) associates with its expression and non – small cell lung cancer progression[J]. American Journal of Translational Research, 2017, 9(4): 2024 –2037.

[26] FANG X, ZHONG X, YU G, et al. Vascular protective effects of KLF2 on Abeta – induced toxicity: implications for Alzheimer's disease[J]. Brain Research, 2017, 1663: 174 –183.

[27] ZHOU Z, TANG A T, WONG W Y, et al. Corrigendum: cerebral cavernous malformations arise from endothelial gain of MEKK3 – KLF2/4 signalling[J].

Nature, 2016, 536(7617): 488.

[28]ZHANG Z W, RONG E G, SHI M X, et al. Expression and functional analysis of Krüppel – like factor 2 in chicken adipose tissue[J]. Journal of Animal Science, 2014, 92(11): 4797 – 4805.

[29]ZHANG Z W, WU C Y, LI H, et al. Expression and functional analyses of Krüppel – like factor 3 in chicken adipose tissue[J]. Bioscience, Biotechnology, and Biochemistry, 2014, 78(4): 614 – 623.

第 5 章　鸡 *KLF3* 的克隆、表达和功能研究

5.1　引言

　　KLFs 是一类在羧基端(C - terminal)具有 3 个连续的 C2H2 锌指结构的转录因子,能够特异性结合靶基因调控区的 CACCC 序列和富含 GC 的序列。目前,已经在哺乳动物体内发现了至少 17 种 KLF,这些因子在胚胎和成体动物的多个细胞过程发挥重要的调控作用。

　　KLF3 是 KLF 家族成员之一,最初在小鼠红细胞中被克隆和鉴定出来。由于 KLF3 蛋白质具有碱性,所以也被称为碱性 Krüppel 样因子(basic Krüppel - like factor, bKLF)。哺乳动物 KLF3 是一个强转录抑制因子,它的转录抑制结构域定位在氨基端(N - terminal)区域。位于转录抑制区域的 Pro - Val - Asp - Leu - Thr (PVALT)模序对 KLF3 发挥转录抑制作用非常重要,是 KLF3 与辅助因子 C 端结合蛋白(C - terminal binding protein, CtBP)发生蛋白质互作的必需结构。破坏 KLF3 与 CtBP 的蛋白质互作会导致在 KLF3 的转录抑制能力显著降低。然而,丧失与 CtBP 的蛋白质互作,并不会完全消除 KLF3 的转录抑制能力。此外,KLF3 可以发生小泛素样修饰(small ubiquitin - like modification, SU-MO),并且,小泛素样修饰能够增强果蝇 SL2 细胞中 KLF3 对 CACCC 盒 - GRE 驱动(CACCC box - GRE - driven)启动子的转录抑制能力。SUMO 和与辅助因子 CtBP 的蛋白质互作对 KLF3 发挥功能至关重要。同时消除 KLF3 的 SUMO

和与 CtBP 的互作,导致 KLF3 的转录抑制潜能丢失,甚至使 KLF3 获得转录激活潜能。

目前,关于 KLF3 在细胞自噬、红细胞生成、B 细胞发育、心肌细胞分化和脂肪细胞生成中的作用已经有了研究报道。*KLF3* 敲除小鼠表现出了白色脂肪组织明显减少,以及对膳食诱导的肥胖和葡萄糖不耐症的保护。与野生型的同窝个体相比,*KLF3* 敲除小鼠腹部脂肪垫所含的脂肪细胞更少,并且体积更小。然而,体外细胞水平的研究结果与体内的不同。体外细胞水平的研究显示,*KLF3* 敲除的小鼠胚胎成纤维细胞分化成脂肪细胞的能力增强。此外,*KLF3* 的 mRNA 和蛋白表达水平在 3T3 – L1 脂肪细胞分化开始后迅速降低。对 3T3 – L1 前脂肪细胞的进一步的研究表明,KLF3 能够直接结合到基因的启动子上抑制 *C/EBPα* 的转录。

虽然对于 KLF3 在哺乳动物中的作用已经有了一定的研究报道,但是目前还没有 KLF3 在鸟类中的研究报道。本书研究的目的是揭示 KLF3 在鸡腹部脂肪生长发育过程中的表达模式及其功能。本书研究表明,鸡 KLF3 参与脂肪组织生长发育和脂质代谢的调控。

5.2 材料和方法

5.2.1 实验动物的饲养和管理

本书研究中共用到了东北农业大学高、低脂系第 14 代的 104 只公鸡,高、低脂系各 52 只公鸡。经过 14 世代的双向选择,得到的第 14 世代高脂系肉鸡 7 周龄腹脂率是低脂系肉鸡的 4.45 倍。研究所用的所有公鸡均饲养在条件一致的环境中,并提供足够的水和食物,让其自由采食。

5.2.2 组织取样

1 ~ 12 周龄,每周龄屠宰高、低脂系肉鸡各 3 ~ 6 只。屠宰时间点均为禁食后 6 h,在每个周龄,屠宰后均收集腹部脂肪组织。在 7 周龄,包括肝、十二指肠、空肠、回肠、胸、腿部肌肉、心脏、脾、肾脏、胰腺、腺胃、大脑、睾丸在内的其他组织也被收集。所有收集的组织马上用液氮冰冻,并储存到温度为 −80 ℃ 的冰箱中,直到 RNA 提取。

5.2.3 *KLF*3 基因克隆和载体构建

利用 ImProm − Ⅱ 反转录试剂盒(Promega,美国)将 7 周龄的肉鸡腹部脂肪组织提取的总 RNA 反转录成 cDNA。以 NCBI 数据库中预测的鸡 *KLF*3 序列 (GenBank 登录号 XM_427367)为参考序列设计引物:KLF3 − F1(5′ − ATGAAT-TCTAATGGACCCCGTTTCAGTGTC − 3′)和 KLF3 − R1(5′ − CTCTCGAGTCAGAC-TAGCATGTGACGTTTTC − 3′)。以 7 周龄肉鸡腹部脂肪组织 cDNA 为模板,KLF3 − F1 和 KLF3 − R1 为引物,利用 *Ex Taq* 酶(Takara)通过 PCR 方法获得鸡 *KLF*3(Gallus gallus KLF3, gKLF3)编码区序列。PCR 反应条件为:94 ℃ 预变性 5 min。然后用以下条件运行 34 个周期:94 ℃ 变性 30 s,62 ℃ 退火 30 s,72 ℃ 延伸 1 min,最后 72 ℃ 终延伸 10 min。PCR 完成后,凝胶纯化,纯化后的 PCR 产物克隆到 pMD − 18T(Takara)载体进行测序(BGI,中国北京)。测序验证正确后,经过 *Eco*R Ⅰ 酶和 *Xho* Ⅰ 酶(Takara)双酶切从 pMD − 18T 载体上将 *KLF*3 编码区序列释放出来,利用 T4 DNA 连接酶(Takara)将其亚克隆到预先已经做过相应处理的 pCMV − myc 载体上(Clontech),获得 *gKLF3* 过表达质粒(pCMV − myc − gKLF3)。PVDLT 模序中 Asp 被 Gly 取代的 *KLF*3 突变体(mut − gKLF3)过表达质粒 pCMV − myc − gKLF3m,利用单管点突变试剂盒(Tiandz,中国)和引物对 (F:5 − CCAGATGGAGCCAGTAGGCCTCACGGTGAACAAGCG − 3′ 和 R:5′ − CGCTTGTTCACCGTGAGGCCTACTGGCTCCATCTGG − 3′)将 pCMV − my − gKLF3 质粒上 148 ~ 162 bp 的序列 CCAGTAGACCTCACG 突变成 CCAGTAGGCCT-CACG。

5.2.4 RNA 提取和 real − time PCR

总 RNA 提取利用 Invitrogen 公司的 TRIzol 试剂按照说明书完成。RNA 质量通过变性甲醛琼脂糖凝胶电泳检测。反转录利用 Promega 公司的 ImProm −

Ⅱ反转录试剂盒,按照说明书操作完成。反转录使用的总 RNA 剂量为 1 μg,反转录引物采用 Oligo（dT）通用引物（Promega）,反转录条件为:依次进行 25 ℃,5 min;42 ℃,60 min 和 70 ℃,15 min。

real-time PCR 利用 SYBR *Premix Ex Taq*（Takara, 中国大连）和 ABI Prism 7500 sequence detection system（Applied Biosystems, 美国福斯特城）进行 real-time PCR,反应体系采用 20 μL 体系,在冰上配置,体系包括:cDNA 2 μL,2 份 SYBR *Premix Ex Taq* 10 μL, PCR Forward（Reverse）Primer（10 μmol/L）各 0.4 μL, 50 × Rox Reference Dye Ⅱ 0.4 μL, ddH$_2$O 6.8 μL;反应条件为 95 ℃ 预变性 5 s,而后进行 40 个循环,每个循环包括 95 ℃,5 s 和 60 ℃,34 s。为了检测扩增效率和防止二聚体影响实验结果,40 个循环完成后进行熔解曲线检测,real-time PCR 所用到的引物详见表 5-1,所有实验重复 3 次。

表 5-1　用于 real-time PCR 的引物

基因名	参考序列	引物（5′→3′）	产物/bp
*KLF*3	XM_427367	CCAGCCAGTTCCTTTCAT ACTTCCTGCGGAGACAAT	234
PPARγ	NM_001001460	CAACTCACTTATGGCTA CTTATTTCTGCTTTTCT	175
GAPDH	NM_204305	CTGTCAAGGCTGAGAACG GATAACAGCTTAGCACCA	185
β-actin	NM_205518	TCTTGGGTATGGAGTCCTG TAGAAGCATTTGCGGTGG	331

5.2.5　Western blotting 实验

鸡 DF-1 细胞转染 pCMV-myc-gKLF3、pCMV-myc-gKLF3m 或 pCMV-myc 质粒 48 h 后,弃去培养基,在室温下用 PBS 清洗 1 次细胞。按照

6 孔板每孔加入 0.15 mL 细胞裂解液(RIPA Buffer)至细胞板,放置于冰上,轻轻摇动,作用 15 min,裂解完后,用干净的细胞刮将细胞刮于培养孔的一侧,将裂解液移至 1.5 mL 离心管中。10 000 g 4 ℃离心 10 min 后,上清即为细胞总裂解物。取细胞总裂解物 40 μg,与等体积凝胶加样缓冲液(2 份)混合,100 ℃加热 5 min 使蛋白质变性。每个样品取 10 μL,采用 BIO – RAD 的 Mini – PROTE-AN3 电泳系统进行 SDS – PAGE 电泳。电泳结束后,采用 BIO – RAD 的 Mini Trans – Blot 将样品转移至硝酸纤维素膜。利用 5%(质量分数)脱脂乳的 PBST 室温封闭 1 h。洗去膜上的封闭液,将膜孵育在含一抗(鸡 GAPDH 抗体购自碧云天,1∶100;myc 标签抗体购自 Clontech,1∶200;鸡过氧化物酶体增殖物激活受体 γ 抗体详见参考文献;鸡 β – actin 抗体购自碧云天,1∶1 000)的 PBST[含 0.05%(质量分数)吐温的 PBS]溶液中,置于摇床上,室温 1 h。洗膜 3 次,每次 5 min,然后将膜孵育在含二抗(购自碧云天,1∶5 000)的 PBST 溶液中,室温,置于摇床上 1 h。室温洗膜 3 次,每次 5 min,然后利用 BeyoECL(碧云天)显色。

5.2.6　细胞培养和荧光素酶活性测定

利用补充了 10%(质量分数)胎牛血清(Invitrogen)的 DMEM / F12 培养液(Invitrogen)培养鸡胚胎成纤维细胞 DF – 1 细胞系和鸡前脂肪细胞。培养后的 DF – 1 细胞系和鸡前脂肪细胞接种到 12 孔培养皿中,利用 FuGENE HD 转染试剂按照说明操作,每孔细胞转染 1 μg 的质粒 DNA。12 孔板中每孔的转染体系见表 5 – 2。转染后 48 h,利用 250 μL 被动裂解缓冲液(Promega)裂解细胞,使用双荧光素酶报告基因检测试剂盒(Promega)检测细胞裂解液的萤火虫荧光素酶活性和海肾荧光素酶活性。启动子活性利用萤火虫荧光素酶活性/海肾荧光素酶活性的比率表示。所有实验均重复 3 次。

表 5 - 2　12 孔板中每孔的转染体系

分组	启动子报告基因质粒		pRL - TK(Promega)		过表达质粒
*PPAR*γ	pGL3 - basic - PPARγ[a] (- 1 978/ - 82)	400 ng	EV/KLF3/KLF3m[b]	8 ng	600 ng
	pGL3 - basic - PPARγ (- 1 513/ - 82)	400 ng	EV/KLF3/KLF3m	8 ng	600 ng
	pGL3 - basic - PPARγ (- 1 254/ - 82)	400 ng	EV/KLF3/KLF3m	8 ng	600 ng
	pGL3 - basic - PPARγ (- 1 019/ - 82)	400 ng	EV/KLF3/KLF3m	8 ng	600 ng
	pGL3 - basic - PPARγ (- 513/ - 82)	400 ng	EV/KLF3/KLF3m	8 ng	600 ng
	pGL3 - basic - PPARγ (- 320/ - 82)	400 ng	EV/KLF3/KLF3m	8 ng	600 ng
*C/EBP*α	pGL3 - basic - C/EBPα (- 1 863/ + 332)	200 ng	EV/KLF3/KLF3m	10 ng	800 ng
	pGL3 - basic - C/EBPα (- 1 318/ + 332)	200 ng	EV/KLF3/KLF3m	10 ng	800 ng
	pGL3 - basic - C/EBPα (- 891/ + 332)	200 ng	EV/KLF3/KLF3m	10 ng	800 ng
	pGL3 - basic - C/EBPα (- 538/ + 332)	200 ng	EV/KLF3/KLF3m	10 ng	800 ng
	pGL3 - basic - C/EBPα (- 123/ + 332)	200 ng	EV/KLF3/KLF3m	10 ng	800 ng
FASN	pGL3 - basic - FASN (- 1 096/ + 160)	400 ng	EV/KLF3/KLF3m	8 ng	600 ng
LPL	pGL3 - basic - LPL (- 1 914/ + 66)	400 ng	EV/KLF3/KLF3m	20 ng	600 ng

续表

分组	启动子报告基因质粒		pRL – TK（Promega）		过表达质粒
FABP4	pGL3 – basic – FABP4 （–1 996/ +22）	400 ng	EV/KLF3/KLF3m	20 ng	600 ng

注：ᵃ pGL3 – basic – PPARγ（–1 978/ –82、–1 513/ –82、–1 254/ –82、–1 019/ –82、–513/ –82 和 –320/ –82）：连接了鸡 *PPARγ* 启动子区序列（相对于参考序列基因组 AB045597.1 上游 –1 978 ~ –82 bp、–1 513 ~ –82 bp、–1 254 ~ –82 bp、–1 019 ~ –82 bp、–513 ~ –82 bp 和 –320 ~ –82 bp）的 pGL3 – basic 质粒；pGL3 – basic – C/EBPα（–1 863/ +332、–1 318/ +332、–891/ +332、–538/ +332 和 –123/ +332）：连接了鸡 *C/EBPα* 启动子区序列（相对于参考序列 X66844.1 基因组上游 –1 863 ~ +332 bp、–1 318 ~ +332 bp、–891 ~ +332 bp、–538 ~ +332 bp 和 –123 ~ +332 bp）；pGL3 – basic – FASN（–1 096/ +160）：含有鸡 *FASN* 启动子序列（相对于参考序列 J04485.1 基因组上游 –1 096 ~ +160 bp）的 pGL3 – basic 质粒；pGL3 – basic – LPL（–1 914/ +66）：含有鸡 *LPL* 启动子序列（相对于参考序列 NM_205282.1 基因组上游 –1 914 ~ +66 bp）的 pGL3 – basic 质粒；pGL3 – basic – FABP4（–1 996/ +22）：含有鸡 *FABP4* 启动子序列（相对于参考序列 AF432507.2 的基因组上游 –1 996 ~ +22 bp）。ᵇ EV：pCMV – myc 质粒，用作 *KLF3* 和 *KLF3m* 过表达的对照质粒；KLF3：pCMV – myc – KLF3 质粒；KLF3m：pCMV – myc – KLF3m 质粒。

5.2.7 统计分析

所有数据表示为平均值 ± 标准差，利用双尾 t 检验分析两组之间的差异。$P < 0.05$ 表示差异显著。

5.3 结果

5.3.1 鸡 *KLF3* 基因克隆

本书利用克隆和测序技术获得了鸡 *KLF3* 的部分编码区序列，序列分析表明，研究获得的鸡 *KLF3* 的序列长度为 1 005 bp，与 NCBI 数据库预测鸡 *KLF3* 序列（GenBank 登录号 XM_427367.4）中 182 ~ 1 186 bp 的序列，除了 2 个核苷酸不一致之外，其余完全一致。这一结果表明，*KLF3* 在鸡腹部脂肪组织中表达。获得的序列数据已经提交到了 NCBI GenBank 数据库，序列检索号为 JX673910。

此外,序列分析显示,鸡 KLF3 蛋白质序列(GenBank 登录号 XP_427367.3)和人 KLF3 蛋白质序列(GenBank 登录号 NP_057615.3)、小鼠 KLF3 蛋白质序列 (GenBank 登录号 NP_032479.1)相似性很高(图 5 – 1)。

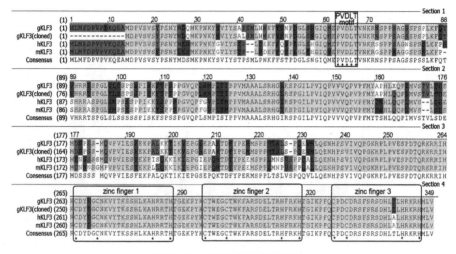

图 5 – 1 KLF3 蛋白序列比对

本书利用 Vector NTI Advance 11 软件(Invitrogen)中的 Align X 程序通过鸡 *KLF*3 序列(gKLF3,XP_427367.3)获得鸡 *KLF*3 序列[gKLF3(克隆的),由 JX673910 推测出的蛋白序列]、人 KLF3 蛋白质序列(hKLF3,NP_057615.3)和 小鼠 KLF3 蛋白序列(mKLF3,NP_032479.1),并进行相似性比对。

5.3.2 鸡 *KLF*3 的 mRNA 组织表达分析

利用 real – time PCR 技术,以 *GAPDH* 基因为内参,在 mRNA 水平分析了高 低脂系 7 周龄肉鸡 15 种组织中的 *KLF*3 的表达模式。实验结果表明,*KLF*3 基 因在 15 种组织中均有表达。此外,*KLF*3 表达水平在不同组织中不相同,*KLF*3 在胰腺中的表达水平相对较高,而在胸肌和腿肌中较低。同时,通过研究还发 现在腺胃和脾脏中,高脂肉鸡 *KLF*3 的表达水平显著高于低脂肉鸡($P < 0.05$), 在腹脂、胸肌、心脏、肾脏、肝脏、腿肌、肌胃和睾丸中,高脂肉鸡 *KLF*3 的表达水 平显著低于低脂肉鸡($P < 0.05$)[图 5 – 2(a)]。

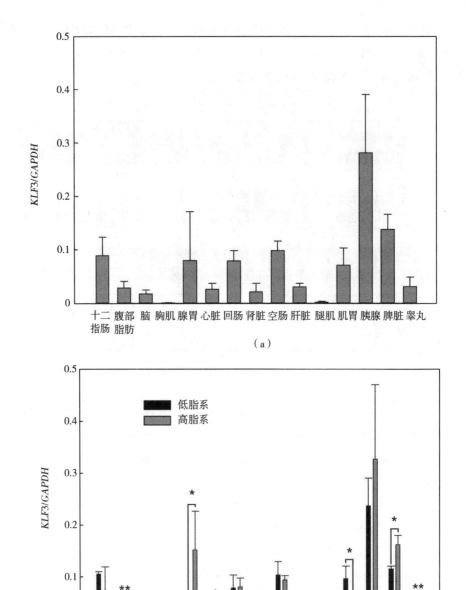

图 5-2   *KLF*3 的组织表达谱分析

以 *GAPDH* 作为内参,利用 real – time PCR 方法分析了 7 周龄高、低脂系肉鸡(高、低脂系肉鸡各 3 只)15 种组织中 *KLF*3 表达水平,柱形图和误差线表示 *KLF*3 的相对表达量(平均数 ± 标准差),柱形图上"*"表示高、低脂系间的 *KLF*3 相对表达量存在显著差异($P < 0.05$)。

数据分析显示,在 7 周龄时,10 种不同组织中 *KLF*3 的表达水平在高、低脂系间存在显著差异。在高脂系肉鸡中,腺胃和脾脏中 *KLF*3 表达水平显著高于低脂系肉鸡;而腹部脂肪、胸肌、心脏、肾脏、肝脏、腿肌、肌胃和睾丸中 *KLF*3 的表达水平显著低于低脂系肉鸡($P < 0.05$)[图 5 – 2(b)]。

5.3.3　鸡脂肪组织生长发育过程中 *KLF*3 的 mRNA 表达模式

本书利用 real – time PCR 的方法分析了 *KLF*3 基因在高、低脂系第 14 世代 1 ~ 12 周龄肉鸡脂肪组织中的表达规律,为了避免使用单个内参可能造成的实验误导,本书同时采用了 *GAPDH* 和 β – actin 作为内参基因。结果显示,鸡 KLF3 基因在高、低脂系肉鸡腹部脂肪组织中的表达量(*KLF*3/*GAPDH* 和 *KLF*3/β – actin)随着周龄的变化呈现出明显的变化。以 *GAPDH* 为内参的表达结果显示,在 7 周龄和 10 周龄时,*KLF*3 的 mRNA 相对表达水平(*KLF*3/*GAPDH*)在高、低脂系肉鸡腹部脂肪组织间存在显著差异($P < 0.05$)。在 7 周龄时,低脂肉鸡腹部脂肪组织中 *KLF*3 基因的表达量显著高于高脂肉鸡,而在 10 周龄时,高脂肉鸡腹部脂肪中 *KLF*3 的表达水平显著高于低脂肉鸡($P < 0.05$)(图 5 – 3)。以 β – actin 为内参的表达结果显示,在 4 周龄、7 周龄和 10 周龄时,*KLF*3 的 mRNA 相对表达水平(*KLF*3/β – actin)在高、低脂系肉鸡腹部脂肪组织间存在显著差异($P < 0.05$),在 4 周龄和 7 周龄时,低脂肉鸡腹部脂肪组织中 *KLF*3 的表达水平明显高于高脂肉鸡,而在 10 周龄时,高脂肉鸡腹部脂肪中的 *KLF*3 的表达水平明显高于低脂肉鸡($P < 0.05$)(图 5 –3),在其他周龄,两系间没有发现显著差异。

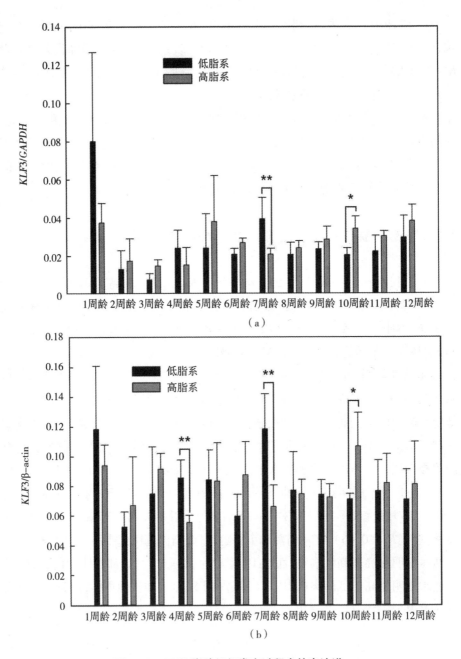

图 5-3   *KLF*3 脂肪组织发育过程中的表达谱

以 *GAPDH* 和 β-actin 作为内参,用 real-time PCR 方法分析了 *KLF*3 在

高、低脂系 1~12 周龄肉鸡腹部脂肪组织中的 mRNA 表达水平,柱形图和误差线表示 *KLF*3 的相对表达水平(平均数 ± 标准差),"*"表示高、低脂系间 *KLF*3 表达水平存在显著差异($P < 0.05$)。

5.3.4　鸡 *KLF*3 对脂肪组织重要功能基因启动子活性的影响

C/EBPα 和 PPARγ 是哺乳动物和鸟类的脂肪细胞形成的主要正调控因子。为了初步揭示 KLF3 对鸡脂肪组织发育的影响,本书在 DF-1 细胞系和鸡前脂肪细胞中分析了过表达鸡 *KLF*3 对 *C/EBP*α 和 *PPAR*γ 启动子活性的影响。结果表明在 DF-1 细胞系中,过表达 *KLF*3 显著抑制鸡 C/EBPα(-1 863/ +332、 -1 318/ +332、 -891/ +332、 -538 / +332 和 -123 / +332) 的启动子活性($P < 0.05$)(图 5-4);过表达 *KLF*3 增强鸡 *PPAR*γ(-1 978/ -82、 -1 513/ -82、 -1 254/ -82、 -1 019/ -82、 -513/ -82 和 -320/ -82) 的启动子活性($P < 0.05$)(图 5-4)。在鸡前脂肪细胞中也得到了类似的结果,过表达 *KLF*3 抑制鸡 *C/EBP*α 启动子(-1 863/ +332) 的活性($P < 0.01$)(图 5-5);过表达 *KLF*3 增加鸡 *PPAR*γ 启动子(-1 978/ -82) 的活性。但是,利用半定量 RT-PCR 和 Western blotting 分析 DF-1 细胞中过表达 *KLF*3 对内源性 *PPAR*γ 表达的影响,却发现过表达 *KLF*3 抑制 *PPAR*γ 的表达(图 5-6)。

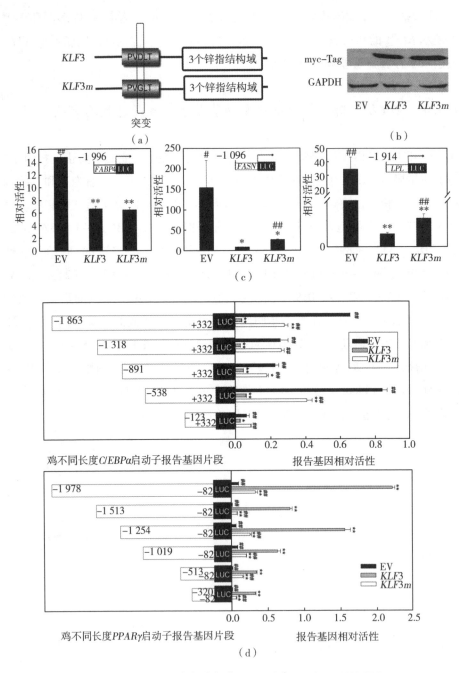

图 5 - 4   DF - 1 细胞中过表达 KLF3 对鸡 FABP4、FASN、LPL、

C/EBPα 和 PPARγ 的启动子活性的影响

图 5 - 4(a)为野生型 *KLF3*(*KLF3*)和突变体(*KLF3m*)的示意图。图 5 - 4(b)为 DF - 1 细胞中分别转染 pCMV - myc 质粒(空载体,EV)的 pCMV - myc - KLF3 质粒和 pCMV - myc - KLF3m 质粒后对质粒表达蛋白情况进行的 Western blotting 分析。图 5 - 4(c)为过表达 *KLF3* 和 *KLF3m* 对鸡 *FABP4*、*FASN*、*LPL*、*C/EBPα* 和 *PPARγ* 的启动子活性的影响。启动子活性表示为萤火虫荧光素酶活性/海肾荧光素酶活性。" * "表示和对照组(转染 pCMV - myc 质粒)存在显著差异(* $0.01 \leqslant P < 0.05$;** $P < 0.01$)。"#"表示和 KLF3 过表达组(转染 pCMV - myc - KLF3 质粒)存在显著差异(#$0.01 \leqslant P < 0.05$;## $P < 0.01$)。

脂肪组织在脂肪代谢中发挥了重要调控作用。为了揭示 *KLF3* 是否对脂肪组织脂肪代谢发挥调控作用,本书利用过表达技术研究了 *KLF3* 过表达对鸡脂肪酸结合蛋白 4(FABP4)、脂肪酸合酶(FASN)和脂蛋白脂肪酶(LPL)基因启动子活性的影响。如图 5 - 4 和图 5 - 5 所示,在 DF - 1 细胞和鸡前脂肪细胞中,过表达 *KLF3* 显著抑制鸡 *FABP4*(- 1 996/ + 22)、*FASN*(- 1 096/ + 160)和 *LPL*(- 1 914/ + 66)的启动子活性($P < 0.05$)[图 5 - 4(c)和图 5 - 5]。

5.3.5 突变 KLF3 蛋白序列 PVDLT 模序中的 Asp 残基对鸡 KLF3 功能的影响

对哺乳动物的研究表明,利用 Ala - Ser 或 Ala - Ala 替代 PVDLT 模序中的 2 个连续的氨基酸 Asp - Leu 会显著损害 KLF3 转录抑制能力。然而到目前为止,PVDLT 的模序上的核心残基到底是 Asp 还是 Leu 还不清楚。在本书中,利用点突变技术将 KLF3 蛋白序列 PVDLT 模序中 Asp 残基突变成 Gly,构建了鸡 *KLF3* 突变体 *KLF3m*[图 5 - 4(a)]。经荧光素酶报告基因分析发现,在 DF - 1 细胞和鸡前脂肪细胞中,过表达野生型 *KLF3* 和 PVDLT 的模序突变掉 Asp 的 KLF3 蛋白突变体(KLF3m)都可以显著抑制鸡 *FABP4*(- 1 996/ + 22)、*FASN*(- 1 096 / + 160)、LPL(- 1 914 / + 66)和 *C/EBPα*(- 1 863 / + 332)的启动子活性;此外,在 DF - 1 细胞中过表达 *KLF3* 和 *KLF3m* 都可以增强鸡 *PPARγ*(- 1 978/ - 82、 - 1 513/ - 82、 - 1 254/ - 82、 - 1 019/ - 82、 - 513/ - 82 和 - 320/ - 82)的启动子活性($P < 0.05$)(图 5 - 4)。

然而,在 DF - 1 细胞中,与过表达 *KLF3* 相比,过表达 *KLF3m* 对鸡 *FASN*

（−1 096/ +160）、LPL（−1 914/ +66）和 C /EBPα（−1 863/ +332、−1 318/ +332、−891/ +332、−538/ +332 和 −123/ +332）启动子活性的抑制能力显著减弱。此外，在 DF −1 细胞或鸡前脂肪细胞中，与过表达 KLF3 相比，过表达 KLF3m 对鸡 PPARγ（−1 978/ −82、−1 513/ −82、−1 254/ −82、−1 019/ −82、−513/ −82 和 −320/ −82）启动子活性的增强能力显著减弱（P < 0.05）（图 5 −4）。

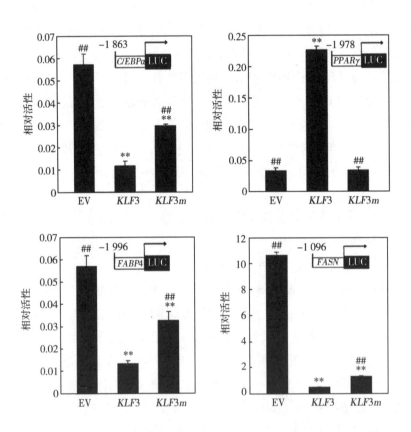

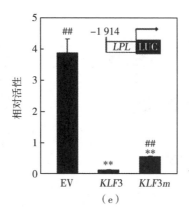

图 5 - 5   在鸡前脂肪细胞中过表达 *KLF*3 对鸡 *C/EBP*α、
*PPAR*γ、*FABP*4、*FASN* 和 *LPL* 启动子活性的影响

启动子活性表示为萤火虫荧光素酶活性/海肾荧光素酶活性。"*"表示和对照组(转染 pCMV - myc 质粒)存在显著差异($^{*}0.01 \leqslant P < 0.05$；$^{**} P < 0.01$)。"#"表示和 KLF3 过表达组(转染 pCMV - myc - KLF3 质粒)存在显著差异($\#0.01 \leqslant P < 0.05$；## $P < 0.01$)。

经研究还发现,在鸡前脂肪细胞中过表达 *KLF*3*m* 和 *KLF*3 对鸡 *FABP*4 启动子(-1 996/ +22)的抑制作用存在显著差异($P < 0.05$)(图 5 - 5),但是在 DF - 1 细胞中没有发现这种现象($P > 0.05$)[图 5 - 4(c)]。此外,不同于在 DF - 1 细胞中,在鸡前脂肪细胞中过表达 *KLF*3*m* 对鸡 *PPAR*γ 启动子(-1 978/ -82)活性没有显著影响($P > 0.05$)(图 5 - 5)。此外,Western blotting 分析得出 DF - 1 细胞中过表达 KLF3 会抑制鸡 *PPAR*γ 表达(图 5 - 6)。

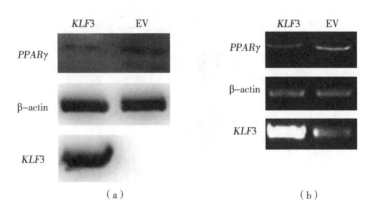

图 5 - 6 过表达 *KLF*3 对鸡 *PPAR*γ 表达的影响

图 5 - 6(a)为 Western blotting 分析 DF - 1 细胞中过表达 *KLF*3 对鸡 *PPAR*γ
表达的影响。图 5 - 6(b)为半定量 real - time PCR 分析 DF - 1 细胞中过表达
*KLF*3 对鸡 *PPAR*γ 表达的影响。EV 为转染 pCMV - myc 质粒的 DF - 1 细胞；
KLF3 为转染 pCMV - myc - gKLF3 质粒的 DF - 1 细胞。

与过表达 *KLF*3 表达相比，过表达 *KLF*3*m* 可以降低鸡 *FABP*4 的启动子活
性(- 1 996/ + 22)、*FASN*(- 1 096/ + 160)、LPL(- 1 914 / + 66)和 *C/EBP*α
(- 1 863/ + 332、- 1 318/ + 332、- 891/ + 332、- 538/ + 332 和 - 123/ + 332)，
并减小鸡 *PPAR*γ(- 1 978/ - 82、- 1 513/ - 82、- 1 254/ - 82、- 1 019/ - 82、
- 513/ - 82 和 - 320/ - 82)在 DF - 1 细胞($P < 0.05$)[图 5 - 4(c)]或鸡前脂肪
细胞的启动子活性($P < 0.05$)(图 5 - 5)。

5.4 讨论

转录因子 KLF 家族是一类古老而保守的锌指结构转录因子。已有的研究
报道显示，KLF 家族的一些成员在哺乳动物脂肪形成中发挥了重要调控作用。
此外，前期研究结果显示，KLF7 在鸡脂肪组织中表达，并且在鸡脂肪细胞分化
过程中起负调控作用。本书通过克隆测序的方法在鸡腹部脂肪组织中获得了
一个新的 KLF 家族成员——KLF3 的部分编码区序列，表明 KLF3 在鸡脂肪组
织中也有表达。序列分析显示，KLF3 蛋白序列在鸡、鼠和人之间高度保守，提

示了 KLF3 可能在这些物种中具有相似的功能。

　　分析鸡 *KLF3* 在肉鸡 15 种组织中的表达规律发现,鸡、人和小鼠 *KLF3* 基因具有相似的基因表达模式,3 个物种的 *KLF3* 基因都广泛表达于多种组织中。不同于人 *KLF3*,鸡 *KLF3* 在胰腺组织中具有相当高的表达水平。

　　此外,研究发现,在这 15 种组织中,有 10 种组织的 *KLF3* 基因的表达水平在高、低脂系肉鸡间存在显著差异。在腺胃和脾脏中,高脂肉鸡 *KLF3* 的相对表达量要显著高于低脂肉鸡($P < 0.05$),而在腹脂、胸肌、心脏、肾脏、肝脏、腿肌、肌胃和睾丸中,高脂系肉鸡 *KLF7* 的相对表达量要显著低于低脂系肉鸡。这一结果暗示了深入研究 KLF3 的生物学功能可能对于进一步揭示肥胖及其有关疾病也具有重要的意义。

　　分析 *KLF3* 在高、低脂系 1~12 周龄肉鸡腹部脂肪组织中的表达模式发现,*KLF3* 基因在高、低脂系 1~12 周龄的脂肪组织中均有表达,并且它的表达水平随着周龄的变化呈现出明显的变化,暗示了 *KLF3* 可能参与了鸡脂肪组织的发育调控。同时发现,在 7 周龄时,低脂肉鸡腹部脂肪组织中 *KLF3* 基因的表达量显著高于高脂肉鸡,而在 10 周龄时,高脂肉鸡腹部脂肪中的 *KLF3* 的表达量明显高于低脂肉鸡。本实验室前期的研究结果表明,高、低脂系肉鸡腹部脂肪组织的发育主要发生在 7 周龄之前,因此这一结果表明,KLF3 不仅在鸡脂肪组织发育的早期发挥作用,在鸡脂肪组织发育的后期也发挥着重要的调控作用,并且在 7 周龄和 10 周龄这 2 个时间点,KLF3 在脂肪组织中的功能可能不完全相同。

　　C/EBPα 和 PPARγ 是哺乳动物和鸟类脂肪形成过程的 2 个主要正调控转录因子。为了进一步分析 KLF3 在鸡脂肪组织发育过程中的转录调控作用,在 DF - 1 细胞和前脂肪细胞中分析了 *KLF3* 过表达对 *C/EBPα* 和 *PPARγ* 启动子活性的影响。结果表明,过表达 *KLF3* 显著抑制鸡 *C/EBPα* 启动子活性,这与 3T3 - L1 前脂肪细胞的报道一致,*KLF3* 过表达抑制 *C/EBPα* 的表达。另外,在 DF - 1 细胞中 *KLF3* 对 5 个不同长度的 *C/EBPα* 启动子都具有抑制作用,提示了与鼠 *KLF3* 类似,鸡 *KLF3* 对 *C/EBPα* 的作用位点也可能靠近鸡 *C/EBPα* 的转录起始位点。

　　出人意料的是,研究发现,过表达 *KLF3* 促进鸡 *PPARγ* 启动子活性,这与小鼠细胞中过表达 *KLF3* 抑制 *PPARγ* 基因的表达不一致,但是,real - time PCR 和

Western blotting 分析显示,过表达 KLF3 抑制鸡 PPARγ 基因的表达,结合 KLF3 对 C/EBPα 的调控作用。本书的研究结果表明,KLF3 至少可以通过调控 C/EBPα 和 PPARγ 的表达,调控鸡脂肪组织的生成。针对 KLF3 对 PPARγ 基因的调控作用在报告基因和表达分析之间结果的不一致性,猜测可能是报告基因实验的局限性造成的。因为报告基因质粒上的 PPARγ 基因启动子结构和鸡基因组上的 PPARγ 基因启动子的结构不完全相同,此外,报告基因质粒上的 PPARγ 基因启动子也不具有组蛋白和表观遗传学修饰。

FASN 是脂肪酸合成的关键酶,参与肝脏和脂肪组织中的脂肪酸从头合成,它可以催化乙酰 – CoA 和丙二酰 – CoA 形成长链饱和脂肪酸。研究发现,过表达 KLF3 抑制 FASN 启动子活性,表明除了在秀丽线虫中发现的 KLF3 能够通过调控脂肪酸去饱和途径基因表达来参与调控脂肪酸的正常组分外,KLF3 还可能对脂肪酸的从头合成具有抑制作用。

甘油三酯(TG)呈疏水性,不能在循环中直接运输,因此它需要被组装成被称为脂蛋白的脂质和蛋白质的复合体在循环系统中运输。FABP4 是一种胞浆蛋白,在脂肪细胞中作为脂质伴侣发挥功能。LPL 是一种在 TG 代谢中发挥关键作用的蛋白质,它通过水解富含 TG 的乳糜微粒和极低密度脂蛋白来释放 TG。过表达 KLF3 抑制鸡 FABP4 和 LPL 的启动子活性表明,KLF3 抑制脂蛋白的组装和动员,这与秀丽线虫相关报道的结果一致。

以上结果说明,KLF3 可能会通过两种途径来抑制鸡脂肪组织中脂滴的代谢,一种途径是通过抑制 FASN 表达抑制脂肪酸的合成,另一种途径是通过抑制 FABP4 和 LPL 的表达来抑制体内的脂质循环(见图 5 – 7)。

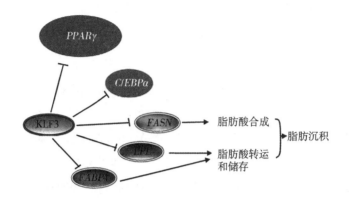

图 5 – 7　KLF3 在鸡脂肪组织中的作用模式图

　　对哺乳动物的研究表明,用 Ala – Ser 或 Ala – Ala 替代 PVDLT 模序中的 2 个连续的氨基酸 Asp – Leu 会显著减弱 KLF3 的转录抑制能力。然而到目前为止,PVDLT 模序上的核心残基到底是 Asp 还是 Leu 还不清楚。本书经研究发现,突变掉 PVDLT 模序中 Asp 的 *KLF3m* 过表达可以显著抑制鸡 *FABP*4 (– 1 996/ + 22)、*FASN*(– 1 096 / + 160)、*LPL*(– 1 914 / + 66) 和 *C/EBPα* (– 1 863/ + 332、 – 891/ + 332 和 – 538/ + 332)的启动子活性,增强鸡 *PPARγ* (– 1 978/ – 82、 – 1 513/ – 82、 – 1 254/ – 82、 – 1 019/ – 82、 – 513/ – 82 和 – 320/ – 82)的启动子活性($P < 0.05$)。但与 *KLF3* 过表达相比,*KLF3m* 过表达对鸡 *FABP*4、*FASN*、*LPL* 和 *C/EBPα* 启动子活性的抑制和对鸡 *PPARγ* 启动子活性的增强能力显著减弱($P < 0.05$)。这些结果表明,PVDLT 模序中的 Asp 突变降低了 *KLF3* 的转录调控能力,但是 *KLF3* 的转录调控能力并没有彻底丢失。这与突变掉 PVDLT 模序中的 2 个连续的氨基酸 Asp – Leu 的结果一致,表明 PVDLT 模序上的核心残基是 Asp。

　　综上所述,本书研究表明鸡脂肪组织表达 *KLF3* 基因,*KLF3* 对脂肪细胞分化和脂肪代谢的重要基因具有调控作用。此外,KLF3 蛋白 PVDLT 模序中 Asp 残基突变显著降低 KLF3 对靶基因转录调控的能力,但是 KLF3 的转录调控能力不会彻底丢失。

参考文献

[1] SUSKE G, BRUFORD E, PHILIPSEN S. Mammalian Sp/KLF transcription factors: bring in the family[J]. Genomics, 2005, 85(5): 551 –556.

[2] CROSSLEY M, WHITELAW E, PERKINS A, et al. Isolation and characterization of the cDNA encoding BKLF/TEF –2, a major CACCC – box – binding protein in erythroid zcells and selected other cells[J]. Molecular and Cellular Biology, 1996, 16(4): 1695 –1705.

[3] TUMER J, CROSSLEY M. Cloning and characterization of mCtBP2, a co – repressor that associates with basic Krüppel – like factor and other mammalian transcriptional regulators[J]. EMBO Journal, 1998, 17(17): 5129 –5140.

[4] PERDOMO J, VERGER A, TURNER J, et al. Role for SUMO modification in facilitating transcriptional repression by BKLF[J]. Molecular and Cellular Biology, 2005, 25(4): 1549 –1559.

[5] GUO L, HUANG J X, LIU Y, et al. Transactivation of Atg4b by C/EBPβ promotes autophagy to facilitate adipogenesis[J]. Molecular and Cellular Biology, 2013, 33(16):3180 –3190.

[6] FUNNELL A P, MALONEY C A, THOMPSON L J, Erythroid Krüppel – like factor directly activates the basic Kruppel – like factor gene in erythroid cells [J]. Molecular and Cellular Biology, 2007, 27(7): 2777 –2790.

[7] ULGIATI D, SUBRATA L S, ABRAHAM L J, The role of Sp family members, basic Krüppel – like factor, and E box factors in the basal and IFN – gamma regulated expression of the human complement C4 promoter[J]. Journal Immunology, 2000, 164(1): 300 –307.

[8] HIMEDA C L, RANISH J A, PEARSON R C, et al. KLF3 regulates muscle – specific gene expression and synergizes with serum response factor on KLF binding sites[J]. Molecular and Cellular Biology, 2010, 30(14):3430 –3443.

[9] SUE N, JACK B H, EATON S A, et al. Targeted disruption of the basic Krüppel – like factor gene (KLF3) reveals a role in adipogenesis[J]. Molecular

and Cellular Biology, 2008. 28(12): 3967 - 3978.

[10] BELL - ANDERSON K S, FUNNELL A P, WILLIAMS H, et al. Loss of Krüppel - like factor 3 (KLF3/BKLF) leads to upregulation of the insulin - sensitizing factor adipolin (FAM132A/CTRP12/C1qdc2) [J]. Diabetes, 2013, 62(8):2728 - 2737.

[11] GUO L, SUN B, SHANG Z, et al, Comparison of adipose tissue cellularity in chicken lines divergently selected for fatness[J]. Poultry Science, 2011, 90 (9):2024 - 2034.

[12] WANG L, NA W, WANG Y, et al. Characterization of chicken PPARγ expression and its impact on adipocyte proliferation and differentiation[J]. Hereditas, 2012, 34(4): 454 - 464.

[13] ZHANG Z, WANG H, SUN Y, et al. KLF7 modulates the differentiation and proliferation of chicken preadipocyte[J]. Acta Biochimica et Biophysica Sinica, 2013, 45(4): 280 - 288.

[14] ROSEN E D, MACDOUGALD O A. Adipocyte differentiation from the inside out [J]. Nature Reviews Molecular Cell Biology, 2006, 7(12): 885 - 896.

[15] WANG Y, MU Y, LI H, et al. Peroxisome proliferator - activated receptor - gamma gene: a key regulator of adipocyte differentiation in chickens[J]. Poultry Science, 2008, 87(2): 226 - 232.

[16] FARMER S R. Transcriptional control of adipocyte formation[J]. Cell Metabolism, 2006, 4(4): 263 - 273.

[17] LIU S, WANG Y, WANG L, et al. Transdifferentiation of fibroblasts into adipocyte - like cells by chicken adipogenic transcription factors[J]. Comparative Biochemistry & Physiology Part A Molecular & Integrative Physiology, 2010, 156(4): 502 - 508.

[18] LEFTEROVA M I, LAZAR M A. New developments in adipogenesis[J]. Trends in Endocrinology and Metabolism, 2009, 20(3): 107 - 114.

[19] ZHANG Z W, WANG Z P, ZHANG K, et al. Cloning, tissue expression and polymorphisms of chicken Krüppel - like factor 7 gene[J]. Animal Science Journal, 2013, 84(7): 535 - 542.

[20]WANG M J, QU X H, WANG L S, et al. cDNA cloning, subcellular localization and tissue expression of a new human Krüppel – like transcription factor: human basic Kruppel – like factor (hBKLF)[J]. Acta Genetica Sinica, 2003, 30(1): 1 –9.

[21]SMITH S, WITKOWSKI A, JOSHI A K, Structural and functional organization of the animal fatty acid synthase[J]. Progress in Lipid Research, 2003, 42 (4): 289 –317.

[22]ZHANG J, YANG C, BREY C, et al. Mutation in caenorhabditis elegans Krüppel – like factor, KLF –3 results in fat accumulation and alters fatty acid composition[J]. Experimental Cell Research, 2009, 315(15):2568 –2580.

[23]MAKOWSKI L, HOTAMISLIGIL G S. The role of fatty acid binding proteins in metabolic syndrome and atherosclerosis[J]. Current Opinion in Lipidology, 2005, 16(5):543 –548.

[24]ZHANG J, HASHMI S, CHEEMA F. et al. Regulation of lipoprotein assembly, secretion and fatty acid β – oxidation by Krüppel – like transcription factor, KLF – 3 [J]. Journal of Molecular Biology, 2013, 425 (15): 2641 –2655.

第6章　鸡 *KLF7* 基因的克隆、表达和多态性研究

6.1　引言

Krüppel 样因子(Krüppel – like factor,KLF)是一类存在于动物体内的转录因子,它们参与细胞增殖、分化和凋亡等多个生命过程的调控。目前,人体内共发现了 17 种 KLF 因子,它们的蛋白质结构特征是羧基端(carboxyl terminal, C 端)具有三个典型的 C2H2 锌指结构作为 DNA 结合结构域,氨基端(amino terminal, N 端)序列作为转录调控结构域在家族成员间保守性差。

1998 年,Matsumoto 等人通过简并 PCR 技术从人血管内皮细胞中克隆得到一个之前从未报道过的 KLF 因子,根据其广泛表达于成人多种组织的特性,将其命名为普遍存在的 Krüppel 样因子(ubiquitous KLF,UKLF)。根据系统命名法,UKLF 又被命名为 KLF7。

6.1.1　KLF7 遗传特性

NCBI(National Center for Biotechnology Information)GenBank 数据库信息显示,*KLF7* 基因广泛存在于海胆、鱼、两栖类、鸟类、爬行类动物、哺乳类动物和人等多种动物的基因组中。

6.1.1.1 *KLF*7 基因遗传相关性研究进展

人 *KLF*7（human *KLF*7，*hKLF*7）基因位于 2 号染色体 2q33.3 区域的反义链上，数量遗传学中的报道显示 2q33.3 与早发性关节炎和早发性肥胖（肥胖反弹的年龄）相关。*KLF*7 的单核苷酸多态性（single nucleotide polymorphism，SNP）研究表明，*KLF*7 是人类肥胖和 2 型糖尿病发生的相关基因。群体研究表明，*hKLF*7 第二内含子的一个 SNP（rs2302870，chr2:207953406 A/C）与 2 型糖尿病的发生相关。还有一些研究显示 rs2302870 位点与 2 型糖尿病和肥胖没有显著相关性，但是位于 *hKLF*7 5′UTR 的另一个 SNP（rs7568369，chr2:208031315 C/A）与肥胖相关。

采用 SNP 基因芯片与 DNA 池相结合（SNP – MAP）的研究显示，位于人 *KLF*7 和 cAMP 反应元件结合蛋白 1（cAMP responsive element binding protein 1，*CREB*1）之间的一个 SNP 位点（rs991684）与人的轻度智力障碍相关，该位点可能与 *KLF*7 和（或）*CREB*1 处于连锁不平衡状态。一个瘢痕疙瘩家系 5 个个体（4 例瘢痕疙瘩患者，1 例健康人）的全基因组重测序结果显示，*KLF*7 基因拷贝数变异（copy number variation，CNV）可能与瘢痕疙瘩的形成有关。

6.1.1.2 *KLF*7 基因表观遗传学和整合基因组学研究进展

表观遗传学病例 – 对照研究显示，*KLF*7 基因的甲基化水平异常变化与肠型胃腺癌的发生没有显著关系，但是与弥漫型胃腺癌的病程发展相关，与未癌变的对照组相比，弥漫型胃腺癌患者胃黏膜 *KLF*7 的甲基化水平显著升高，并且在弥漫型胃腺癌患者中，低分化胃腺癌患者胃黏膜 *KLF*7 的甲基化水平高于印戒细胞癌患者。提示了 *KLF*7 甲基化水平异常升高可能是弥漫型胃腺癌发生发展的特异性标记。

基于基因组和蛋白质组学数据的整合基因组学研究显示，转录因子 KLF7 是心血管疾病血清标志物变化调控网络的核心调控因子，与对照组相比，冠状动脉疾病患者血液中 *KLF*7 的表达水平显著上调，并且生物信息学分析显示多个冠状动脉疾病标志基因的启动子区具有 KLF7 结合位点，如凝血因子 7（factor Ⅶ）、Ⅰ型纤溶酶原激活物抑制物（plasminogen activator inhibitor – 1，PAI – 1）、血小板源性生长因子(platelet - derived growth factor, PDGF)、血纤维蛋白溶酶原(plasminogen)、冯·维勒布兰德因子(von Willebrand factor, vWF)、白细胞介素 - 10(interleukin - 10, IL - 10)、白细胞介素 - 12A (interleukin - 12A, IL - 12A)、基质金属蛋白酶 - 9(matrix metalloproteinase - 9, MMP - 9)、瘦素(leptin, LEP)、髓过氧化物酶(myeloperoxidase, MPO)、热休克蛋白 27 (heat shock protein 27, HSP27)和热休克蛋白 60(heat shock protein 60, HSP60)等基因, KLF7 有可能通过调控这些标志基因的表达影响心血管疾病的发生。

此外,针对缺血性心脏病患者的 SNP 病例 - 对照研究显示,位于 *hKLF7* 5′UTR的SNP(rs7568369)与单纯缺血性心脏病的发生,以及单纯伴发动脉高压的缺血性心脏病的发生没有显著相关性,但是与同时伴发动脉高压、2 型糖尿病和高胆固醇血症的缺血性心脏病的发生显著相关,提示了 KLF7 可能通过调控人体糖脂代谢参与缺血性心脏病发生的调控,进一步研究 KLF7 在心血管疾病中的作用可能有助于进一步揭示心血管疾病的发生机制,并有助于改进心血管疾病风险预测的方法。

6.1.2 KLF7 分子特性

6.1.2.1 KLF7 蛋白质结构

转录因子 KLF7 是一个核蛋白,具有核定位序列(nuclear localization sequence, NLS),主要定位于细胞核中。NCBI GenBank 数据库检索显示,hKLF7 至少能够转录 5 种不同转录本,编码 4 种不同的蛋白质和 1 种长链非编码 RNA。

目前,被广泛研究的是编码最长链蛋白质的 KLF7 转录本,该转录本翻译的蛋白在脊椎动物间高度保守,各个结构域在高等动物(哺乳动物和鸟类)间的序列相似性大于 85%。编码最长链蛋白质的 KLF7 转录本,编码 302 个氨基酸(amino acid, aa), N 端为转录调控域, C 端是由 3 个高度保守的 C2H2 锌指结构组成的 DNA 结合结构域。转录调控域又分为两个结构域,即第 1 个到第 47 个氨基酸组成的酸性氨基酸结构域和第 76 个到第 211 个氨基酸组成的富含丝氨酸的疏水性结构域 (图 6 - 1)。第 212 个到第 218 个氨基酸组成了 KLF7 的

NLS（图 6－1）。第 59 个到第 119 个氨基酸之间存在一个进化上保守的亮氨酸拉链（leucine zipper），是 KLF7 与辅助因子 MoKA（FBXO38）发生蛋白互作的区域。

如同 KLF5 和 KLF6 一样，KLF7 蛋白表达水平受到 N 端序列调控，缺失 N 端 1～76 aa 的序列明显提高 KLF7 蛋白表达水平。利用病毒 VP16 的反式激活域替代 KLF7 蛋白 N 端 1～76 aa 序列构建的 VP16－KLF7 嵌合体蛋白，在保持 KLF7（如对 p21 启动子）的转录激活功能的同时，又消除了 N 端序列对 KLF7 表达的负调控作用，能大幅度提高 KLF7 在神经细胞中的表达水平和活性。

转录因子 KLF7 倾向于结合基因组中富含 GC 的序列，体外凝胶阻滞研究显示，KLF7 可以结合于 CACCC 模体（motif）和 Sp1 结合位点，KLF7 对 CACCC 模体的结合能力明显强于对 Sp1 结合位点的结合能力。目前，已经被染色质免疫共沉淀证实的 KLF7 靶基因包括 *p21*、*p27* 和 *TrkA*，其他尚未被直接证实但表达水平受 KLF7 调控的基因包括 *C/EBPα*、*PPARγ*、*LEP*、脂联素（adiponectin）、*IL－6* 等基因。

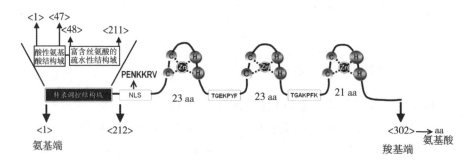

图 6－1　人转录因子 KLF7 蛋白序列结构示意图

6.1.2.2　KLF7 辅助因子

2004 年，Smaldone 等人利用酵母双杂交技术在小鼠发育的神经系统中筛选出了一个 KLF7 互作因子，并将其命名为 KLF7 活性调节因子（modulator of KLF7 activity, MOKA），序列分析显示，MOKA 蛋白分子量为 140 kDa，具有 F－box 结构域。MOKA 基因被 HUGO 基因命名委员会（HGNC）通过系统命名法命名为 F - box 蛋白 38（F - box protein 38，Fbxo38），此外，*MoKA* 还具有其他的一些名字：*FBXO38*，*HMN2D* 和 *SP329*。

表达分析显示，*FBXO38* 和 *KLF7* 在小鼠胚胎和成体中的表达模式相似，特别是原位杂交显示 *FBXO38* 和 *KLF7* 在神经系统和成体睾丸中同时高表达。体外荧光素酶报告基因分析显示，*FBXO38* 能够增强 KLF7 对靶基因（如 $p21^{WAF1/CIP1}$）的转录激活作用，并且 *FBXO38* 对 KLF7 转录活性的激活作用需要 KLF7 与其靶基因调控区序列发生结合。小鼠 *FBXO38* 通过 F - box 模序识别转录因子 KLF7 的亮氨酸拉链结构域，形成 KLF7 - FBXO38 蛋白复合体，进而发挥对 KLF7 活性的调控作用。位于小鼠 FBXO38 蛋白核输出信号序列（nuclear export signal sequence，NES）和 NLS 之间的第 473 ~ 766 位氨基酸残基是一个转录激活调控结构域，FBXO38 蛋白通过该结构域发挥转录激活作用。

FBXO38 还可通过自身的多个 NES 和 NLS 调控 KLF7 在细胞核和细胞质的亚细胞定位。到目前为止，尚未发现 FBXO38 蛋白具有 DNA 结合结构域，推测 FBXO38 是一个转录辅助因子。NCBI GenBank 数据库显示，多个物种体内存在 2 种以上的 *FBXO38* 转录剪接体，此外，文献报道显示 *FBXO38* 不同的剪接体在组织间的表达谱不完全相同，因此 *FBXO38* 不同剪接体对 KLF7 活性的调控是否存在协调作用还需要进一步研究。

6.1.2.3　作用于 *KLF7* 的药物

多种药物在发挥作用的同时调控 *KLF7* 的表达。吗啡可以提高人淋巴细胞中的 *KLF7* 转录和翻译水平，并且这种促进作用是纳洛酮可逆的，提示了 *KLF7* 在吗啡介导的生理反应中具有重要作用。绿茶中的茶多酚 - 儿茶素在抑制 *KLF7* 表达的同时，能明显促进 3T3 - L1 脂肪细胞脂联素的表达和分泌水平以及对葡萄糖的摄取能力，调控 *KLF7* 的表达水平有助于改善脂肪细胞的内分泌功能和胰岛素敏感性。

6.1.3 KLF7 功能研究进展

6.1.3.1 KLF7 与神经系统发育

KLF7 在小鼠中枢神经系统和外周神经系统发育的三个时间段高表达:第一阶段,胚胎发育早期 *KLF7* 在脊髓中的相对表达量逐渐升高;第二阶段,出生后早期 *KLF7* 在大脑皮质中高表达,随后表达水平逐渐下调;第三阶段,成年小鼠小脑和背根神经节中 *KLF7* 持续高水平表达。这三个阶段在功能上分别对应了胚胎期脊髓神经元细胞的形态形成、出生后大脑皮层突触形成,以及成体动物感觉神经元、小脑颗粒细胞的存活和功能维持,提示 *KLF7* 在小鼠神经系统发育中发挥了重要作用。*KLF7* 敲除小鼠研究进一步证实 KLF7 在神经系统发育中的重要作用。

KLF7 在感觉神经元和交感神经元发育中发挥重要作用,*KLF7*$^{-/-}$ 小鼠体内表现出了感觉神经元凋亡,并且绝大多数的 *KLF7*$^{-/-}$ 小鼠在出生后 2 d 内死亡,存活下来的 *KLF7*$^{-/-}$ 小鼠不到 3%,*KLF7*$^{-/-}$ 小鼠成年后,与野生型小鼠相比没有明显的行为异常,但是表现出了疼痛敏感性(包括化学伤害、冷热刺激和掐尾)降低。原位杂交显示,*KLF7* 和 *TrkA* 在胚胎和成体小鼠交感神经元和感觉神经元中共表达。*KLF7* 通过结合 *TrkA* 增强子区的 Ikaros 2 (GAAAAATAGT-GGGAGAGAAGAGT) 特异结合位点,启动和维持胚胎和成体中 *TrkA* 的表达。在小鼠胚胎和成体内 *KLF7* 与 *Brn3a* 协同促进 *TrkA* 表达,单独敲除 *KLF7* 或 *Brn3a* 都不能够大幅度下调三叉神经节(trigeminal ganglion, TG)中 *TrkA* 的表达水平,而同时敲除这两个基因则大幅度地下调 TG 中 *TrkA* 的表达水平。*KLF7* 与 *Brn3a* 的互作是内源性 *TrkA* 基因表达和痛觉感觉神经元的生存所必需的条件,如图 6 − 2(a) 所示。

此外,*KLF7* 在神经元突起向外生长中也具有重要作用。与野生型小鼠相比,*KLF7*$^{-/-}$ 小鼠嗅球和中脑腹侧中的酪氨酸羟化酶(tyrosine hydroxylase, TH)和多巴胺转运体(dopamine transporter, Dat)基因在出生时相对表达量大幅下降,表明 *KLF7* 是嗅球多巴胺能神经元发育的必需因素。进一步的研究显示,*KLF7*$^{-/-}$ 小鼠嗅觉神经元(olfactory sensory neuron, OSN)中 *p21*$^{cip/waf}$ 和 *p27*^{kip1} 表达水平显著下调。Cip/Kip 蛋白既是重要的细胞周期调控因子,同时也对神经突起重塑具有重要调控作用。*KLF*7 至少可以通过促进 $p21^{cip/waf}$ 和 $p27^{kip1}$ 表达促进神经元轴突的生长,如图 6 - 2(a)所示。

KLF7 活性丧失导致嗅觉和视觉神经系统、大脑皮质和海马神经元的轴突受损,以及海马神经元的树突分支减少。在培养的视网膜神经节细胞(retinal ganglion cell,RGC)和皮质神经元中过表达 *KLF*7 促进神经元突起向外生长。此外,过表达 VP16 - KLF7 抑制皮质年龄相关的轴突生长损耗,并促进损伤脊髓中皮质脊髓束(corticospinal tract,CST)的轴突生长。

6.1.3.2　KLF7 与脂肪组织功能

小鼠细胞水平的研究表明,KLF7 在前脂肪细胞决定和脂肪细胞分化中都发挥了调控作用;在小鼠胚胎成纤维(mouse embryonic fibroblast,MEF)细胞中敲低 *KLF*7 的表达水平,会抑制 MEF 细胞向脂肪细胞转化,表明 *KLF*7 促进前脂肪细胞生成;3T3 - L1 前脂肪细胞分化过程中 *KLF*7 表达水平呈现出先下降后上升的趋势,在 3T3 - L1 细胞中过表达 *KLF*7 抑制细胞向脂肪细胞分化,表明 *KLF*7 抑制前脂肪细胞分化。

人原代脂肪细胞的研究显示,过表达 *KLF*7 抑制人前脂肪细胞分化。此外,miRNA 研究显示,miR - 146b 可通过抑制 *KLF*7 基因的表达,来发挥对人内脏脂肪细胞增殖的抑制作用和对人内脏脂肪细胞分化的促进作用,如图 6 - 2(b)所示。多个角度的独立研究显示,*KLF*7 是脂肪组织形成(adipogenesis)的负调控因子。

此外,*KLF*7 在成熟脂肪细胞中也有表达。KLF7 对多个脂肪合成代谢相关基因包括脂肪酸合酶(fatty acid synthase,FASN)、脂蛋白脂肪酶(lipoprotein lipase,LPL)和脂肪酸结合蛋白 4(fatty acid binding protein 4,FABP4)的表达,以及对 *IL* - 6(炎症因子)和脂联素和瘦素(脂肪因子)基因的表达具有调控作用,如图 6 - 2(b)所示,提示了 KLF7 可能对成熟脂肪组织的能量储存和内分泌功能也具有调控作用。

6.1.3.3　KLF7 与 2 型糖尿病发生

在胰岛 β 细胞系(HIT - T15)中,过表达 *KLF*7 不仅能够通过抑制胰岛素基因的转录活性来抑制胰岛素的生物合成水平,并且能够通过抑制胰岛 β 细胞中的葡萄糖转运蛋白 2(glucose transporter type 2,GLUT2)、内向整流钾通道(Kir6.2)和磺脲类药物受体 1(sulfonylurea receptor 1,SUR1)基因的表达水平进而降低葡萄糖诱导的胰岛素分泌。

过表达 *KLF7* 抑制人肝癌细胞系(HepG2)中 *GLUT2* 的表达水平,以及鼠骨骼肌细胞系(L6)中的己糖激酶(hexokinase)的表达水平,提示了 *KLF7* 高表达还可能造成外周组织的胰岛素敏感性的降低,如图 6-2(c)所示。此外,抑制脂肪细胞分化和脂肪组织脂肪因子脂联素和瘦素表达与分泌也是 *KLF7* 作用于 2 型糖尿病的作用方式,这些研究结果提示,*KLF7* 在 2 型糖尿病发生发展中发挥了重要作用,*KLF7* 高表达是诱发 2 型糖尿病的可能风险因素之一,但是目前 *KLF7* 高表达是否为诱发 2 型糖尿病的风险因素还没有临床研究证实。

6.1.3.4 KLF7 与血液疾病

KLF7 相对表达量增加是小儿急性淋巴细胞白血病(pediatric acute lymphoblastic leukemia)预后不良的独立预测因子。虽然动物水平研究显示,$KLF7^{-/-}$ 小鼠和 $KLF7^{+/+}$ 小鼠胚肝中 HSPC 的活性相似,并且连续移植实验显示,$KLF7^{-/-}$ 细胞的长期多谱系植入能力(long-term multilineage engraftment)和自我更新能力与 $KLF7^{+/+}$ 细胞相比没有明显差别。但是,体外研究显示,过表达 *KLF7* 抑制髓系祖细胞生长,并且造成短期和长期再植活性的丢失;过表达 *KLF7* 抑制从造血干细胞到普通淋巴系祖细胞的多谱系生长,但不影响 T 细胞生长,相反增强早期胸腺细胞的存活。这些结果提示,虽然 *KLF7* 不是正常的造血干细胞和祖细胞发挥功能必需的,但是增加 *KLF7* 表达能抑制骨髓细胞的增殖并促进早期胸腺细胞存活。此外,RNA 表达分析显示,*KLF7* 抑制髓系祖细胞生长不通过调控 *Cdkn1a*($p21^{Cip1/Waf1}$)表达实现,缺失 *Cdkn1a* 不能拯救再植缺陷。

6.1.3.5 KLF7 与多能干细胞全能性维持

KLF7 表达水平受多种调控干细胞自我更新的调控转录因子(如 Oct 4 和 Nanog)的调控,提示了 *KLF7* 可能参与了多能干细胞的状态维持。干扰 *KLF7* 后,神经外胚层和中胚层多个谱系细胞的分化潜能发生了变化,干扰 *KLF7* 表达

水平抑制胚胎干细胞向神经细胞和心肌细胞的分化,抑制 MEF 细胞分化成脂肪细胞,但是,促进 MEF 细胞向骨细胞的分化,表明 *KLF*7 是维持干细胞多能性的重要因子,对干细胞的多种分化潜能具有调控作用,如图 6 - 2(d)所示。

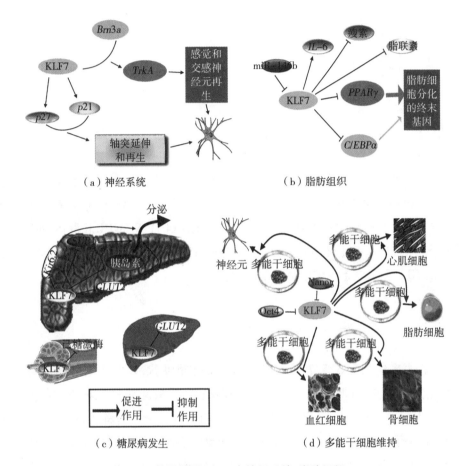

（a）神经系统　　　　　　　　　　　（b）脂肪组织

（c）糖尿病发生　　　　　　　　　　（d）多能干细胞维持

图 6 - 2　转录因子 KLF7 在神经系统、脂肪组织、
2 型糖尿病发生和多能干细胞中的功能示意图

注:(a)KLF7 在神经系统中作用;(b)KLF7 在脂肪细胞中的功能;
(c)KLF7 在 2 型糖尿病发生中的作用;(d)KLF7 对细胞多能性的调控作用。

KLF7 是 KLFs 家族中研究得较少的一个成员,虽然 KLF7 对神经系统发育、2 型糖尿病发生、肥胖发生、血液疾病以及干细胞全能性维持等生命活动的作用已经有了一定程度的报道,但是 KLF7 的生物学功能,特别是 KLF7 在癌症发生和心血管疾病中的作用还有待进一步研究。此外,鉴于 KLF7 在多种疾病中的重要功能和作用机制已经取得了一定的进展,所以研究 KLF7 表达的调控机制以及开发以 KLF7 为靶向位点的药物,对于治疗多种神经系统疾病、2 型糖尿病、肥胖和血液疾病可能具有重要意义。

6.2 材料和方法

6.2.1 实验动物与管理

本章所涉及的所有动物实验流程均经东北农业大学实验动物管理委员会批准。本研究采用 Arbor Acres 肉鸡(AA)随机群体($n = 367$)、东北农业大学高低脂系第 8 世代肉鸡(NEAUHLF;$n = 375$)和第 14 代 NEAUHLF 群体($n = 100$,每个品系 50 只)进行研究。所有的肉鸡在相同的喂养条件下饲养。关于 NEAUHLF 和饲养条件的信息如前所述。

6.2.2 表型测量

本书采集了 1、3、5、7 周龄实验动物的体重性状,以及 7 周龄的体组成性状:包括腹脂重(abdominal fat weight, AFW)、血浆极低密度脂蛋白(plasma very low – density lipoprotein, VLDL)浓度、胴体质量(carcass weight, CW)、心脏质量(heart weight, HW)、肝脏质量(liver weight, LW)、脾脏质量(spleen weight, SW)、肌胃质量(gizzard weight, GW)、腺胃质量(proventriculus weight, PW)、睾丸质量(testicle weight, TW)、胸围(chest width, CHWI)和跖骨长度(metatarsus length, MeL)。

6.2.3 组织取样、总 RNA 提取和定量 RT – PCR(RT – qPCR)

在 7 周龄时,对东北农业大学高低脂系肉鸡第 14 世代($n = 6$,每系 3 只)的公鸡进行屠宰取样,并收集肝脏、腹部脂肪、十二指肠、空肠、回肠、胸肌、腿部肌肉、胃、心脏、脾脏、肾脏、胰腺、腺胃、脑和睾丸等 15 个组织或器官。在 1 ~ 12 周龄时,对东北农业大学高低脂系肉鸡第 14 世代(每系 $n = 47$)的 94 只公鸡进行屠宰,屠宰后采集腹部脂肪组织。收集的样本用液氮快速冷冻,并储存在液氮中直到提取 RNA。

使用 TRIzol 试剂按照说明书从这些组织中分离总 RNA,通过甲醛变性琼脂糖凝胶电泳评估提取的总 RNA 质量。用 1 μg 的总 RNA、寡核苷酸锚定引物和 ImProm – Ⅱ 反转录试剂盒进行反转录。cDNA 扩增的反转录条件为:25 ℃持续 5 min,42 ℃持续 60 min,70 ℃持续 15 min。

使用 SYBR *Premix Ex Taq* 试剂盒和 *KLF*7 表达检测引物(KLF7 – F1ʹ和 KLF7 – R1,表 6 – 1)采用实时 PCR(real – time PCR)法检测 *KLF*7 的表达水平。选择鸡甘油醛 – 3 – 磷酸脱氢酶基因(*GAPDH*;GenBank ID:NM_204305)作为表达分析的内参基因,所用的 GAPDH 引物为 GAPDH – F 和 GAPDH – R,详见表 6 – 1。采用 20 μL 的 PCR 反应体系进行实时 PCR 反应,在该体系中添加了 RT 反应产物 1 μL。实时 PCR 反应在 ABI Prism 7500 检测系统中运行,反应条件为:先在 95 ℃条件下持续 5 s 预变性,之后运行 40 个 PCR 循环,采用两步法进行 PCR 扩增,两步 PCR 条件依次为 95 ℃ 5 s 和 60 ℃ 34 s。通过熔解曲线 1.0 软件,分析每个 PCR 反应的熔解曲线,以检测并消除可能的引物二聚体对实验结果的影响。实时 PCR 结果以 *KLF*7/*GAPDH* 的相对数量表示。

表 6-1　PCR 扩增所用引物

引物名	参考序列	起始位点	引物 (5′→3′)	产物大小/bp
KLF7 - F1	XM_426569.3	52	GACACCGGCTACTTCTCAGC	219
KLF7 - R1		270	CTCGCACATACTCGTCTCCA	
KLF7 - F2	XM_426569.3	1	CGGAATTCGGATGGATGTCTTGGCCAGTTATAG	891
KLF7 - R2		891	GTGGTACCTTAGATGTGCCTCTTCATGTG	
KLF7 - F3	NC_006094.3	29 381	GCTTCAAACAAGTGCCAAAT	308
KLF7 - R3		29 688	CCGTCGGATACTGTCCTCTG	
GAPDH - F	NM_204305.1	227	CTGTCAAGGCTGAGAACC	185
GAPDH - R		411	GATAACACGCTTAGCACCA	

6.2.4　鸡 KLF7 全长编码区序列的克隆

将 7 周龄肉鸡腹部脂肪组织提取的总 RNA 反转录获得 cDNA,以该 cDNA 为模板利用 PCR 方法克隆鸡 KLF7 的全长编码区。根据 NCBI 中预测的 KLF7 (GenBank ID: XM_426569)设计 KLF7 克隆引物 KLF7 - F2 和 KLF7 - R2(表 6-1),用 Ex Taq 酶 PCR 扩增 KLF7 全长编码区序列。PCR 反应条件为:94 ℃ 预变性 5 min 后,进行 34 个循环的三步法 PCR,三步法 PCR 条件依次为 94 ℃ 变性 30 s,60.1 ℃ 退火 30 s,72 ℃ 延伸 1 min,最后 72 ℃ 终延伸 7 min,后冷却至 4 ℃ 备用。利用琼脂糖凝胶电泳和 DNA 凝胶回收试剂盒回收 PCR 产物中的目的 DNA 片段。用 pMD18 - T 载体试剂盒将纯化的 PCR 产物克隆到 pMD - 18T 中,之后进行测序验证。

鸡 KLF7 编码区中单核苷酸多态性(SNP)位点 c.A141G 的检测。

利用含有抗凝剂乙二胺四乙酸(EDTA)的收集管收集鸡的翅静脉血,用来 提取鸡基因组。以鸡基因组 DNA 为模板,利用限制性片段长度多态性聚合链 反应(PCR - RFLP)建立了检测 SNP: XM_426569.3:c.A141G 的方法。PCR 条 件如下:94 ℃ 预变性 5 min,32 个循环,三步法 PCR,条件依次为:94 ℃ 30 s, 56.3 ℃ 30 s,72 ℃ 30 s,最后在 72 ℃ 下延伸 5 min,PCR 冷却至 4 ℃ 备用。该研究中使用的 PCR 系统为 25 mL 反应体系,包括 50 ng 的模板、1×PCR 反应缓冲液、上下游引物各 5 pmol(KLF7 – F3 和 KLF7 – R3,表 6 – 1),400 mmol/L 的 dNTP(双脱氧核苷三磷酸)和 1 U 的 *Taq* DNA 聚合酶。酶切条件如下:PCR 产物用 3 U 的 *Sac* Ⅱ 在 37 ℃ 条件下消化 3 h 后,进行琼脂糖凝胶电泳分析。

6.2.5　序列分析

鸡 *KLF*7 和人 *KLF*7(GenBank ID:NP_003700)的蛋白质序列比对使用 Vector NTI Advance 11 软件中的 Align X。Blat 分析使用 UCSC 在线软件工具完成。利用在线工具研究 SNP XM_426569.3:c.A141G 对转录因子结合位点的影响,利用在线工具研究 SNP XM_426569.3:c.A141G 对 miRNA 靶向结合序列的影响。利用密码子使用数据库(http://www.kazusa.or.jp/codon/)分析鸡标准密码子使用的偏好性。

6.2.6　统计分析

所有表达数据的分析采用 SAS 软件进行分析。*KLF*7 的表达数据用平均值 ±标准差来表示,两组数据之间的分析采用双尾 *t* 检验,两组以上数据分析采用 PROC GLM 过程,然后进行邓肯多重检验,模型如下:

$$Y = \mu + T + L + G + L \times G + e \qquad (6-1)$$

$$Y = \mu + A + G + e \qquad (6-2)$$

模型(6-1)和模型(6-2)分别用 SNP XM_426569.3:c.A141G 分析 15 个组织的 *KLF*7 的表达水平和脂肪组织中 *KLF*7 表达水平的关联,其中 Y 为因变量 *KLF*7 表达水平,μ 为平均值,T 为组织类型、A 为年龄,L 为直线,G 为基因型(固定效应群体),e 是随机误差。

SNP 数据采用 JMP 5.1(SAS Institute Inc.)的 GLM 程序,采用以下模型研究 SNP XM_426569.3:c.A141G 与体重和体组成性状之间的关系。

$$Y = \mu + G + S + G \times S + BW7 + e \qquad (6-3)$$

$$Y = \mu + G + S + G \times S + e \qquad (6-4)$$

$$Y = \mu + G + L + G \times L + F(L) + D(F,L) + BW7 + e \qquad (6-5)$$

$$Y = \mu + G + L + G \times L + F(L) + D(F, L) + e \qquad (6-6)$$

模型(6-3)和模型(6-4)用于 AA 随机群体中 SNP XM_426569.3：c. A141G 与体重和体组成性状的关联分析,其中 Y 为因变量,μ 为群体平均值,G 为基因型,S 为性别,$G \times S$ 为按性别相互作用的基因型,e 为随机误差,$BW7$ 为 7 周龄时的体重年龄(作为线性协变量)。研究 BW 和腹部脂肪百分比(AFP)性状时,不添加 $BW7$ 作为线性协变量,采用模型(6-4),其余性状均采用模型(6-3)。

用模型(6-5)和模型(6-6)研究 SNP XM_426569.3：c. A141G 对 NEAU-HLF 群体体重和体组成性状的关联,其中 Y 为因变量,μ 为群体平均值,G 为基因型,L 为品系,e 为随机误差;互作基因型($G \times L$)为固定效应,家系嵌套在系内 $[F(L)]$,dam 嵌套在家系和系 $[D(F, L)]$ 的组合中作为随机效应。同样,7 周龄时的 $BW7$ 作为线性协变量研究除 BW 和 AFP 性状外的所有其他性状。采用 Tukey 多重检验。统计显著阈值为 $P < 0.05$。

6.3　结果

6.3.1　鸡 *KLF7* 基因的克隆与序列分析

PCR 和克隆测序结果表明,鸡 *KLF7* 基因全长 891 bp,编码 296 个氨基酸。这些序列数据信息已提交给了 GenBank 数据库,检索号为 JQ736790。Blat 分析表明,它位于鸡 7 号染色体上,全长约 53 kb,由 4 个外显子组成。此外,分析 6 个不同个体(高、低脂系肉鸡,$n = 3$)的测序结果,本研究在鸡 *KLF7* 的第二外显子中发现了一个新的 SNP 位点:SNP XM_426569.3：c. A141G(XP_426569.3：p. Pro47Pro)。生物信息学分析表明,该 SNP 对 TFBS 和 miRNA 靶序列没有影响。然而,鸡脯氨酸的标准密码子,CCA(0.39)的出现频率高于 CCG(0.09)。

6.3.2 鸡 KLF7 蛋白的结构分析

参考人 KLF7 蛋白序列,利用鸡和人 KLF7 蛋白序列的比对结果,分析了鸡 KLF7 蛋白结构。结果显示,鸡 KLF7 蛋白还可以分为三个结构域,即 N 端的酸性结构域(aa 1—47;人和鸡 KLF7 蛋白序列的相似性为 96%),C 端的三个 C2H2 锌指结构域(aa 215—296;人和鸡 KLF 蛋白序列的相似性为 78%),这两个结构域之间的富 S 的疏水结构域(aa 76—205;人和鸡 KLF 蛋白序列的相似性为 100%)。此外,推测的鸡 KLF7 蛋白序列中发现了一个核定位序列(aa 206—212;人和鸡 KLF 蛋白序列的相似性为 100%)。

6.3.3 鸡 *KLF*7 的组织表达模式

应用实时定量反转录 PCR 技术(real – time qRT – PCR)对 7 周龄 NEAU-HLF 肉鸡组织中 *KLF*7 的表达模式进行了分析,结果表明 *KLF*7 在 7 周龄肉鸡胸肌、脾脏、肝脏、肾脏、腿部肌肉、肌胃、心脏、腺胃、十二指肠、腹部脂肪、空肠、回肠、睾丸、脑和胰腺中均有表达。此外,鸡 *KLF*7 在脾脏中的相对表达量较高,在胸肌和腿部肌肉中相对表达量较低。在 7 种不同组织中,高脂系肉鸡和低脂系肉鸡的 *KLF*7 基因相对表达量存在显著差异,高脂系肉鸡的脾脏、腺胃、腹部脂肪和脑组织中的 *KLF*7 转录水平高于低脂系肉鸡,而高脂系肉鸡在腿部肌肉、肌胃和心脏中的 *KLF*7 转录水平低于低脂系肉鸡($P < 0.05$),如图 6 – 3 所示。

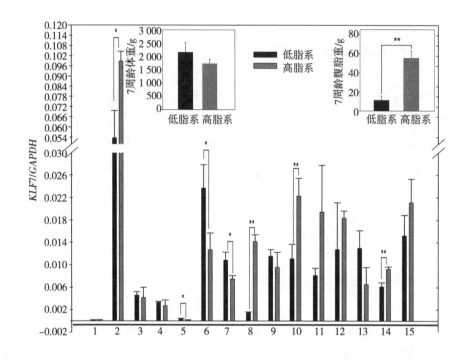

图 6 - 3　NEAUHLF 7 周龄肉鸡 *KLF*7 基因的组织表达特征

注:采用 real - time qRT - PCR 方法检测了 7 周龄 NEAUHLF 雄性肉鸡各组织中
*KLF*7 基因的表达。图 6 - 3 中显示了 *KLF*7 的相对表达量(*KLF*7/*GAPDH*)。1. 胸肌,
2. 脾脏,3. 肝脏,4. 肾脏,5. 腿部肌肉,6. 肌胃,7. 心脏,8. 腺胃,9. 十二指肠,10. 腹部脂肪,
11. 空肠,12. 回肠,13. 睾丸,14. 脑,15. 胰腺。误差条代表三个生物复制品的标准差。
星号表示高低脂系肉鸡之间的显著差异(t 检验),$^* P < 0.05$ 或 $^{**} P < 0.01$。

6.3.4　SNP 位点 c. A141G 与生长及体组成性状的关系

本研究采用 PCR - RFLP 方法分析了 AA 肉鸡随机群体和第 8 世代 NEAU-
HLF 群体中该 SNP 位点的基因型,如图 6 - 4 所示。统计分析表明,在 AA 肉鸡
随机群体中,鸡 *KLF*7 SNP 位点 c. A141G 与肉鸡肥胖相关参数 AFW、AFP、VLDL
显著相关(表 6 - 2,$P < 0.05$),与 NEAUHLF 第 8 世代 NEAUHIF 群体的 MeL、
AFW、AFP 和 VLDL 相关(表 6 - 2,$P < 0.05$)。

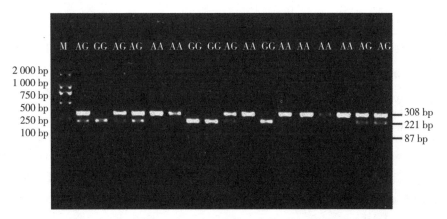

图 6-4 鸡 *KLF*7 基因编码区的多态性位点检测的琼脂糖凝胶电泳图

表 6-2 *KLF*7 多态性对鸡生长和体组成性状的影响

性状	周龄	AA 肉鸡随机群体	第 8 世代 NEAUHLF 群体
BW1/g	1	NS	NS
BW3/g	3	NS	NS
BW5/g	5	NS	NS
BW7/g	7	NS	NS
CW/g	7	NS	NS
MeL/cm	7	NS	0.035 4
VLDL	7	0.016 0	0.007 0
AFW/g	7	0.002 6	0.038 3
AFP/%	7	0.004 2	0.036 4
LW/g	7	NS	NS
GW/g	7	NS	NS
HW/g	7	NS	NS
SW/g	7	NS	NS

续表

性状	周龄	AA 肉鸡随机群体	第 8 世代 NEAUHLF 群体
PW/g	7	NS	NS
TW/g	7	NS	NS
CHWI/cm	7	NS	NS

注:BW1,BW3,BW5,BW7,1,3,5,7 周龄体重;CW,胴体重;MeL,跗骨长度;VLDL,血浆极低密度脂蛋白浓度;AFW,腹部脂肪质量;AFP,腹部脂肪百分比;LW,肝脏质量;GW,腺胃质量;HW,心脏质量;SW,脾脏质量;PW,肌胃质量;TW,睾丸质量;CHWI,胸围。

NS:$P > 0.05$。

另外,*KLF*7 基因型对这两个群体肥胖相关性状(AFW、AFP 和 VLDL)的影响分析表明,*KLF*7 - AA 基因型的 AFW、AFP 和 VLDL 水平显著高于 *KLF*7 - GG 基因型(表 6 - 3,$P < 0.05$)。

表 6 - 3 *KLF*7 基因型对肥胖性状的影响(平均值 ± 标准差)

性状	AA 肉鸡随机群体			第 8 世代 NEAUHLF 群体		
(单位)	AA (104)	AG (167)	GG (96)	AA (46)	AG (153)	GG (176)
AFW/g	61.82 ± 1.720 [a]	60.67 ± 1.338 [a]	53.86 ± 1.810 [b]	56.54 ± 1.878 [a]	52.39 ± 1.179 [b]	51.51 ± 1.221 [b]
AFP/%	0.0228 ± 0.0007 [a]	0.0222 ± 0.0005 [a]	0.0195 ± 0.0007 [b]	0.0243 ± 0.0008 [a]	0.0224 ± 0.0005 [b]	0.0221 ± 0.0005 [b]
VLDL	0.1580 ± 0.0051 [a]	0.1522 ± 0.0040 [a]	0.1372 ± 0.0054 [b]	0.1769 ± 0.0091 [a]	0.1754 ± 0.0053 [a]	0.1562 ± 0.0056 [b]

注:字母相同表示差异不显著,字母不相同表示差异显著。

括号中显示的数字是具有指定基因型的个体数。

6.3.5 SNP 位点:c. A141G 与鸡 *KLF*7 基因表达水平的关系

为探讨 SNP 位点 c. A141G 对鸡 *KLF*7 整体表达水平的影响,我们采用

PCR – RFLP 方法检测了 6 只肉鸡的 SNP 位点 c. A141G 基因型。结果表明,低脂系肉鸡有 2 只为 *KLF7* – GG 基因型,1 只为 *KLF7* – AG 基因型,高脂系有 1 只为 *KLF7* – GG 基因型、1 只为 *KLF7* – AG 基因型,1 只为 *KLF7* – AA 基因型。此外,鸡 *KLF7* 表达数据采用统计模型(6 – 1)进行分析。结果表明,高脂系肉鸡 15 个组织的 *KLF7*(*KLF7/GAPDH*)基因表达水平极显著高于低脂系肉鸡(表 6 – 4,$P < 0.01$)。另外,这些组织的 *KLF7* 基因表达水平(*KLF7/GAPDH*))与 SNP 位点 c. A141G 基因多态性没有显著的相关性(表 6 – 4, $P > 0.05$)。

表 6 – 4　7 周龄雄性肉鸡 15 种组织中 *KLF7* 表达水平与因子的多变量关联分析

因子	因子水平	肉鸡数/只	*KLF7* 表达水平	因子对 *KLF7* 表达的影响
组织	详见图 6 – 3	6	详见图 6 – 3	$P < 0.000\ 1$
品系	高脂系	3	$0.016\ 5 \pm 0.023\ 5$	$P = 0.015\ 2$
	低脂系	3	$0.011\ 7 \pm 0.013\ 6$	
基因型	AA	1	$0.016\ 4 \pm 0.023\ 0$	$P = 0.855\ 8$
	AG	2	$0.013\ 5 \pm 0.019\ 6$	
	GG	3	$0.013\ 7 \pm 0.018\ 1$	
品系 * 基因型	高脂系 * AA	1	$0.016\ 4 \pm 0.023\ 0$	$P = 0.715\ 7$
	高脂系 * AG	1	$0.015\ 6 \pm 0.025\ 7$	
	高脂系 * GG	1	$0.017\ 4 \pm 0.023\ 5$	
	低脂系 * AA	0	—	
	低脂系 * AG	1	$0.011\ 5 \pm 0.011\ 3$	
	低脂系 * GG	2	$0.011\ 8 \pm 0.014\ 8$	

为了进一步研究 SNP 位点:c. A141G 对脂肪组织中 *KLF7* 基因表达水平的影响,对 94 只 1 ~ 12 周龄 NEAUHLF 公鸡腹部脂肪组织 *KLF7* 基因表达及其 SNP 位点:c. A141G 基因型进行了检测。结果表明,*KLF7* 基因在 1 ~ 12 周龄公鸡腹部脂肪组织均有表达,其中高脂系肉鸡腹部脂肪组织中 *KLF7* 相对表达量(0.0201 ± 0.0147,平均值 ± 标准差)与低脂系肉鸡(0.0204 ± 0.0160)*KLF7* 的相对表达量(*KLF7/GAPDH*)无显著性差异($P > 0.05$)。此外,统计分析表明,在

鸡腹部脂肪组织发育过程中,鸡 *KLF7* 表达水平(*KLF7/GAPDH*)呈现出显著的波动(表 6 – 5, $P < 0.01$),鸡 *KLF7* 基因多态位点 c. A141G 与腹部脂肪组织 *KLF7* 基因表达水平(*KLF7/GAPDH*)无显著相关性(表 6 – 5, $P > 0.05$)。

表 6 – 5   腹部脂肪组织中 *KLF7* 表达水平与因素的多元关联分析

因子	因子水平	肉鸡数/只	*KLF7* 表达水平	因子对 *KLF7* 表达的影响
周龄	1 周龄	5	$0.041\ 6 \pm 0.032\ 6^{a}$	
	2 周龄	11	$0.016\ 2 \pm 0.005\ 6^{bc}$	
	3 周龄	9	$0.013\ 1 \pm 0.008\ 7^{c}$	
	4 周龄	7	$0.024\ 6 \pm 0.007\ 2^{bc}$	
	5 周龄	9	$0.015\ 6 \pm 0.011\ 3^{ab}$	
	6 周龄	7	$0.007\ 4 \pm 0.013\ 7^{bc}$	$P = 0.000\ 2$
	7 周龄	9	$0.016\ 0 \pm 0.008\ 6^{bc}$	
	8 周龄	7	$0.029\ 8 \pm 0.022\ 3^{abc}$	
	9 周龄	9	$0.017\ 1 \pm 0.010\ 2^{ab}$	
	10 周龄	8	$0.014\ 0 \pm 0.005\ 9^{bc}$	
	11 周龄	7	$0.023\ 4 \pm 0.008\ 8^{bc}$	
	12 周龄	6	$0.032\ 7 \pm 0.008\ 1^{abc}$	
基因型	AA	19	$0.020\ 7 \pm 0.012\ 7$	
	AG	45	$0.022\ 8 \pm 0.018\ 0$	$P = 0.192\ 6$
	GG	30	$0.016\ 0 \pm 0.011\ 4$	

6.4   讨论

KLF7 是一种非常重要的多功能性锌指结构转录因子。到目前为止,大多数关于 KLF7 的研究都是在哺乳动物中进行的,对鸡 KLF7 还一无所知。本研究克隆和测序结果表明,鸡 *KLF7* 全长编码区 891 bp,编码 296 个氨基酸。此外,序列比对表明,KLF7 蛋白的结构在鸡和人之间高度保守,表明它们可能具有相似的遗传和生理学功能。

组织表达分析结果表明,鸡、人和小鼠 *KLF*7 具有相似的表达模式。鸡 *KLF*7 在所有 15 种组织中普遍表达(图 6 - 3)。此外,鸡 *KLF*7 在肌肉组织(胸肌和腿部肌肉,图 6 - 3)中的表达水平非常低,这与在猪身上观察到的结果一致。此前对人类和小鼠的研究表明,*KLF*7 对哺乳动物的脂肪生成有抑制作用。

然而,关于肥胖或腹部脂肪沉积对 *KLF*7 基因表达影响的研究未见报道。在本书的研究中,我们检测了 7 周龄高低脂系肉鸡 15 种组织中 *KLF*7 的表达水平。结果显示,高脂系肉鸡在 4 种组织(脾脏、腺胃、腹部脂肪和脑)中有较高的 *KLF*7 表达($P < 0.05$,图 6 - 3);而低脂系肉鸡在 3 个组织(脾脏、肌胃和胰腺)中 *KLF*7 表达水平较高($P < 0.05$,图 6 - 3)。在高脂系肉鸡和低脂系肉鸡的脾脏、腿部肌肉、肌胃、心脏、腺胃、腹部脂肪、心脏中表达水平有显著差异。结果表明,鸡腹部脂肪沉积对 *KLF*7 的表达有一定的调节作用,并且这种调节有一定的组织特异性。

*KLF*7 基因多态性已在哺乳动物中进行了研究。据报道,在日本人群中,一个 SNP 位点 rs2302870 的 A - 等位基因与 2 型糖尿病相关。另一个 SNP 位点 rs7568369 的 A 等位基因与丹麦人群的肥胖保护相关。除此之外,牛 *KLF*7 内含子 2 的两个 SNP 位点被揭示是牛生长性状的潜在遗传标记。然而,关于鸡 *KLF*7 基因遗传多态性的研究还未见报道。在当前的研究中,我们研究在编码序列中发现的新 SNP 位点(XM_426569.3:c. A141G;XP_426569.3:p. Pro47Pro)与鸡的生长和体组成性状的统计学关系。结果表明,该位点在 AA 随机群体和 NEAUHLF 第 8 世代群体中主要与肉鸡脂肪含量性状(AFW、AFP 和 VLDL)显著相关($P < 0.05$,表 6 - 2),*KLF*7 - AA 基因型的 AFW、AFP 和 VLDL 水平显著高于 *KLF*7 - GG 基因型(表 6 - 3)。这与先前报道的对人类的研究结果即 *KLF*7 是人类肥胖和 2 型糖尿病的候选基因一致。此外,鸡 *KLF*7 的表达受到腹部脂肪沉积的组织特异性调控(图 6 - 1),在鸡腹部脂肪组织发育过程中,*KLF*7 的相对表达量显著波动($P < 0.05$,表 6 - 5),因此本书研究的结果表明,*KLF*7 可能是鸡体脂性状的候选基因,而 SNP 位点 c. A141G 可能是鸡体脂性状的候选基因,可作为分子育种的遗传标记之一。

此外,本书的研究还分析了 SNP 位点 c. A141G 与 *KLF*7 的表达水平之间的关系,结果表明该位点与 *KLF*7 表达水平无显著相关性(表 6 - 4 和表 6 - 5,*P* >

0.05）。生物信息学分析提示，该 SNP 对 TFBS 和 miRNA 靶序列也没有影响，表明该位点对 *KLF7* 的转录可能没有重要影响。

该 SNP 位点对鸡体脂性状的影响可能与鸡的密码子使用偏好有关。密码子使用数据库显示，对于脯氨酸的标准密码子，CCA 的出现频率远高于 CCG，说明 *KLF7* – AA 基因型肉鸡的 KLF7 蛋白表达水平可能会高于 KLF7 – GG 基因型，这可能进一步导致 *KLF7* – AA 基因型的肉鸡比 *KLF7* – GG 基因型的肉鸡具有更多的脂肪性状（表 6 – 3）。这与 7 周龄时高脂系肉鸡 15 个组织的 *KLF7* 表达水平显著高于低脂系肉鸡的结果一致（表 6 – 4，$P < 0.01$）。然而，SNP 位点 c. A141G 也有可能通过其他未知途径影响鸡的肥胖性状，该位点对鸡脂肪性状的确切分子机制有待进一步研究。

综上所述，本研究证实了鸡 *KLF7* 的存在，并证明了鸡 *KLF7* 在 15 种组织中广泛表达，其表达在低脂系和高脂系肉鸡之间存在组织特异性差异。此外，还对鸡 *KLF7* 基因编码区中发现的一个 SNP 位点 c. A141G 进行了研究，关联分析表明该位点主要与肉鸡脂肪含量性状（AFW、AFP 和 VLDL）有关。

参考文献

[1] ZOBEL D P, ANDREASEN C H, BURGDORF K S, et al. Variation in the gene encoding Krüppel – like factor 7 influences body fat: studies of 14 818 Danes[J]. European Journal of Endocrinology, 2009, 160(4): 603 – 609.

[2] BUTCHER L M, MEABURN E, Knight J, et al. SNPs, microarrays and pooled DNA: identification of four loci associated with mild mental impairment in a sample of 6 000 children[J]. Human Molecular Genetics, 2005, 14(10): 1315 – 1325.

[3] CHOI J, CHO M Y, JUNG S Y, et al. CpG island methylation according to the histologic patterns of early gastric adenocarcinoma[J]. Korean Journal Pathology, 2011, 45(5): 469 – 476.

[4] YANG M, KIM H, CHO M Y. Different methylation profiles between intestinal and diffuse sporadic gastric carcinogenesis[J]. Clinics and Research in Hepatology and Gastroenterology, 2014, 38(5): 613 – 620.

[5] MAKEEVA O A, SLEPTSOV A A, KULISH E V, et al. Genomic study of cardiovascular continuum comorbidity[J]. Acta Naturae, 2015, 7(3): 89 –99.

[6] 张志威, 孙婴宁, 荣恩光, 等. 鸡 FBXO38 转录剪接体 1 的克隆、表达和功能分析[J]. 生物化学与生物物理进展, 2013(9): 845 –858.

[7] CAIAZZO M, Colucci – D'Amato L, Esposito M T, et al. Transcription factor KLF7 regulates differentiation of neuroectodermal and mesodermal cell lineages [J]. Experimental Cell Research, 2010, 316(14): 2365 –2376.

[8] CHEN L, DAI Y M, JI C B, et al. MiR – 146b is a regulator of human visceral preadipocyte proliferation and differentiation and its expression is altered in human obesity[J]. Molecular and Cellular Endocrinology, 2014, 393(1 –2): 65 –74.

第7章 KLF7 调节鸡前脂肪细胞的增殖和分化

7.1 引言

Krüppel 样因子通过高度保守的三个 C 端 C2H2 锌指结构域与靶基因启动子中的 CACCC/GC/GT 盒结合来调节基因表达,其已被证明在胚胎发育和成熟生物体的多种细胞过程中发挥重要作用。生物学家以人血管内皮细胞制备的 cDNA 为模板,利用红系 KLF 的 DNA 结合域设计简并引物,利用 PCR 技术首次分离出了 KLF 家族成员 KLF7。KLF7 也被称为普遍存在的 KLF,因为它在许多成人组织中以低水平广泛表达。$KLF7^{-/-}$ 小鼠在出生后 2 天内因轴突通路发育不正确而导致广泛的神经系统缺陷而死亡,说明 KLF7 在神经系统发育中起着重要作用。人类群体的遗传关联分析表明,KLF7 是肥胖和 2 型糖尿病的候选基因。人类和小鼠的基因功能研究表明,KLF7 抑制前脂肪细胞分化,同时下调多种脂肪细胞分化标记基因的表达,包括过氧化物酶体增殖物激活受体 γ 基因(PPARγ)、CCAAT/增强子结合蛋白 α 基因(C/EBPα)和脂肪酸结合蛋白 4 基因(FABP4)等。此外,KLF7 还调节分化的人脂肪细胞中脂肪细胞因子的表达,抑制葡萄糖诱导的胰岛 B 细胞中胰岛素的分泌,参与 2 型糖尿病的发生调节。

我们先前的研究表明,鸡 KLF7 的结构和组织表达模式与其在哺乳动物中的同源基因相似(详见第 4 章)。此外,鸡 KLF7 编码区的单核苷酸多态性与鸡的肥胖性状显著相关(详见第 4 章)。本章旨在探讨鸡 KLF7 在体外对前脂肪细胞分化和增殖的作用。本章的研究结果为 *KLF*7 参与鸡脂肪形成提供了功能学依据。

7.2　材料和方法

7.2.1　实验动物的管理

所有动物实验均按照《实验动物护理和使用指南》进行,并经东北农业大学实验动物管理委员会批准。以东北农业大学高低脂系肉鸡品系第 14 世代群体为研究对象,对其腹脂含量进行了研究。品系的信息已经在前面描述过。简言之,经过 14 世代腹部脂肪含量的差异选择,7 周龄高脂系肉鸡腹脂率是低脂系肉鸡的 4.45 倍。所有的鸡都在相似的环境条件下饲养,并且可以自由获得饲料和水。

7.2.2　组织取样

从 1 周龄开始到 12 周龄,每周屠宰高低脂系公鸡各 3 至 6 只,并立即收集其腹部脂肪组织。将采集的组织在液氮中快速冷冻,并保存在液氮中,直到提取 RNA。

7.2.3　鸡 *KLF*7 过表达和 siRNA 干扰质粒的构建

设计并合成引物(上游引物,5′ - CGGAATTCGGATGGATGTCTTGGCCAGT-TATAG – 3′;下游引物,5′ - GTGGTACCTTAGATGTGCCTCTTCATGTG – 3′),用以上引物从鸡脂肪组织 cDNA 中扩增出鸡 *KLF*7 的全长编码序列(891 bp:Gen-Bank 登录号:JQ736790)。用 0.8% 琼脂糖凝胶对扩增产物进行分离,利用 DNA胶回收试剂盒提取所需要的目的条带。将纯化后的鸡 *KLF*7 基因全长编码区序列亚克隆到 pMD – 18T 载体上,经直接测序验证正确后。利用限制性内切酶 *Eco*R Ⅰ 和 *Kpn* Ⅰ 处理 pMD – 18T – KLF7,从 pMD – 18T – KLF7 质粒中释放出鸡

KLF7 基因全长编码区序列,并将其利用 T4 DNA 连接酶亚克隆到 pCMV – myc 载体上,获得鸡 *KLF7* 过表达载体 pCMV – myc – KLF7。选择用于 RNA 干扰 (RNAi)的 *KLF7* 靶序列(包括相对于翻译起始位点的 273 到 291 个核苷酸),阴性对照核苷酸被设计为对照组(表 7 – 1)。为了构建相应的小干扰 RNA(siRNA)的表达载体,合成了 siRNA 正、反义链的 DNA 片段,经 94 ℃ 变性 7 min,室温退火得到短双链序列。将双链序列产物亚克隆到 pGenesil – 1 质粒的 *Bam*H I 和 *Hind* – Ⅲ位点,构建 *KLF7* RNA 干扰载体及其阴性对照质粒 pGenesil – 1 – siKLF7 和 pGenesil – 1 – NC(NC)。

表 7 – 1　使用的 shRNA 序列

序列名	序列(5′→3′)
KLF7 shRNA 正义链	GATCCAGGCGCCAACATGGACATTCTCAAGAGAAATGTCCATGTTGGCGCCTTTTTTTGGAAA
KLF7 shRNA 反义链	AGCTTTTCCAAAAAAAGGCGCCAACATGGACATTTCTCTTGAGAATGTCCATGTTGGCGCCTG
NC 正义链	GATCCGTATCATCCCCTCCAACACCCTCAAGAGAGGTGTTGGAGGGGATGATATATTTTTTGGAAA
NC 反义链	AGCTTTTCCAAAAAATATATCATCCCCTCCAACACCTCTCTTGAGGGTGTTGGAGGGGATGATACG

7.2.4　脂肪组织基质血管细胞和脂肪细胞组分的制备及细胞培养

按以下步骤分离鸡脂肪组织基质血管细胞和脂肪细胞。首先,12 日龄的肉仔鸡处死后,收集腹部脂肪组织(3 ~ 5 g),切碎,并与 2 mg/mL 的 I 型胶原酶在振荡水浴(180 r/min,37 ℃)中培养 1 h。然后将悬浮液通过一个 100 mm 和 600 mm 的尼龙细胞过滤器去除未消化的组织。滤液以 200 *g* 离心 10 min,之后顶层部分(脂肪细胞部分)和沉淀部分(基质血管细胞部分)分别作为鸡脂肪细胞和基质血管细胞收集。

分离的鸡基质血管细胞(鸡前脂肪细胞)以每平方厘米 1 × 10⁵ 个细胞的密

度接种在添加了 10% 的胎牛血清的 DMEM/F12 培养基中,并培养在 37 ℃ 的潮湿的 5% CO_2 的培养箱中。在细胞生长到 70% ~90% 融合(3~4 d 后)的时候,将细胞以每平方厘米 1×10^5 个细胞的密度植入到 6 孔板中。培养 12 h 后,当细胞达到 60% ~80% 融合时,使用 FuGENE HD 转染试剂按照操作说明书将 *KLF7* 过表达质粒、*KLF7* siRNA 干扰质粒及其对照质粒转染到细胞中。在诱导分化实验中,将 160 μmol/L 的油酸加入培养基中,诱导转染 24 h 的鸡前脂肪细胞进行分化。

7.2.5　油红 O 染色

在 6 孔板上对细胞内脂滴进行油红 O 染色。诱导分化后 48 h,用磷酸盐缓冲液(PBS)洗涤鸡前脂肪细胞,10% 甲醛固定细胞 10 min,蒸馏水冲洗后。将三份油红 O 储存液(油红 O 在异丙醇中所占比例为 0.5%)与两份水混合 5 min,配制 0.5% 的油红 O 染色工作液,利用 0.4 μm 的滤膜过滤除去杂质,备用。用 0.5% 的油红 O 储存液对固定好的细胞进行染色,染色后使用倒置显微镜观察细胞的染色情况。用 PBS 冲洗两次,去除多余的染色。在室温下用异丙醇孵育 15 min,提取染料,将提取的染料用异丙醇 3 倍稀释后,用分光光度法测量其在 500 nm 时的 OD 值。

7.2.6　RNA 提取和定量反转录 PCR(qRT – PCR)

组织(每个组织 100 mg)和细胞的总 RNA 使用 TRIzol 试剂按照制造商的说明书操作提取 RNA。用变性甲醛琼脂糖凝胶电泳检测 RNA 质量。使用 1 μg 总 RNA、寡核苷酸锚定引物和 ImProm – Ⅱ 反转录试剂盒进行反转录。cDNA 扩增的反转录条件为 25 ℃ 5 min,42 ℃ 60 min,70 ℃ 15 min。

实时定量 PCR(real – time quantitative PCR)使用 SYBR *Premix Ex Taq* 试剂和 ABI Prism 7500 检测系统来检测目的基因的表达水平,引物如表 7 – 2 所示。以鸡 β – 肌动蛋白(β – actin)为内参。1 μL 反转录反应产物在 20 μL 的 PCR 系统中扩增。反应混合物在 ABI Prism 7500 检测系统中孵育,程序设计为:在 95 ℃ 30 s 条件下运行 1 个循环,之后进行 40 个循环的二步法 PCR 过程,95 ℃

下持续 5 s,在 60 ℃ 下进行 34 s。使用软件分析每个 PCR 反应的熔解曲线,以检测和消除可能的引物二聚体影响。所有反应均重复 3 次。用比较循环时间法计算 mRNA 的相对含量。

表 7-2　用于实时定量 PCR 分析的引物

基因	参考序列	位点	引物 (5′→3′)	产物/bp
*KLF*7	JQ736790	52	GACACCGGCTACTTCTCAGC	219
		270	CTCGCACATACTCGTCTCCA	
β - actin	NM_205518	865	TCTTGGGTATGGAGTCCTG	331
		1 195	TAGAAGCATTTGCGGTGG	

7.2.7　Western blotting 分析

将转染 pCMV - myc - KLF7 或 pCMV - myc 载体的鸡前脂肪细胞和 DF - 1 细胞在 RIPA 缓冲液中裂解。然后,将细胞裂解物加入 5 × 变性上样缓冲液中,在沸水中煮沸 5 min。细胞裂解物在 5% ~12% SDS 聚丙烯酰胺凝胶上分离,之后将其转移到聚偏氟乙烯膜上。用 myc - tag 的一级抗体(1:200)或鸡 GAPDH (1:1 000)孵育后,加入辣根过氧化物标记的二级抗体(1:5 000),用 BeyoECL Plus 试剂盒进行发光检测。

7.2.8　荧光素酶报告基因分析

DF - 1 细胞在 DMEM/F12 培养基中生长,并在 12 孔培养皿中培养。在转染实验中,使用 FuGENE HD 转染试剂对每个孔转染固定量的总 DNA(1 μg),转染系统见表 7 - 3。转染并孵育 48 h 后,细胞在 250 mL 被动裂解液中裂解,部分裂解液使用双荧光素酶报告基因系统进行萤火虫和肾素荧光素酶的检测。每个结构的启动子活性用萤火虫/肾素荧光素酶活性的比值表示。

表7-3　12 孔细胞培养板每孔中的质粒转染量

分组	报告基因质粒		pRL-TK	KLF7 过表达或干扰质粒
PPARγ	pGL3-basic-PPARγ（-1 978/-82）	400 ng	8 ng	600 ng
C/EBPα	pGL3-basic-C/EBPα（-1 863/+332）	200 ng	10 ng	800 ng
FASN	pGL3-basic-FASN（-1 096/+160）	400 ng	8 ng	600 ng
LPL	pGL3-basic-LPL（-1 914/+66）	400 ng	20 ng	600 ng
FABP4	pGL3-basic-FABP4（-1 996/+22）	400 ng	20 ng	600 ng

pGL3-basic-PPARγ（-1 978/-82）：含有鸡 PPARγ 基因启动子（相对于 AB045597.1 起始位点的 -1 978 bp 至 -82 bp 核苷酸）的 pGL3-basic 质粒；pGL3-basic-C/EBPα（-1 863/+332）：含有鸡 C/EBPα 基因启动子（相对于 x6844.1 起始位点的 -1 863 bp 至 +332 bp 核苷酸）的 pGL3-basic 质粒；pGL3-basic-FASN（-1 096/+160）：含有鸡 FASN 基因启动子（相对于 J04485.1 起始位点的 -1 096 bp 到 +160 bp 核苷酸）的 pGL3-basic 质粒；pGL3-basic-LPL（-1 914/+66）：含有鸡 LPL 基因启动子（相对于 NM_205282.1 的起始位点 -1 914 bp 到 +66 bp 核苷酸）的 pGL3-basic 质粒；pGL3-basic-FABP4（-1 996/+22）：包含鸡 FABP4 基因启动子（相对于 AF432507.2 起始位点的 -1 996 bp 至 +22 bp 核苷酸）的 pGL3-basic 质粒。

2 个 KLF7 过表达或 KLF7-siRNA 干扰质粒包括 pCMV-myc-KLF7、pCMV-myc、pGenesil-1-siKLF7 或 pGenesil-1-NC 质粒。

7.2.9　细胞活力检测（MTT 法）

将鸡 KLF7 过表达质粒、鸡 KLF7 siRNA 干扰质粒及其对照质粒分别转染鸡前脂肪细胞，培养 24 h 后，分别以每孔 5 000 个细胞的浓度接种到 96 孔板中。在 24 h、48 h、72 h、96 h 和 120 h 的指定时间点，向培养基中加入 20 mL MTT 溶液（5 mg/mL），于 37 ℃下孵育 4 h，取出培养基，每孔加入 200 mL 二甲基亚砜，在摇动平台上以 60 r/min 的速度摇动板 15 min，以便染料完全溶解。用酶标仪在 492 nm 处记录吸光度。所有实验重复三次。

7.2.10 统计分析

数据用平均值 + 标准差来表示。两组比较采用无配对双尾 t 检验。两组以上采用 PROC GLM 程序进行统计分析,然后进行邓肯多重检验,模型如下:

$$Y = \mu + A + L + e \tag{7-1}$$
$$Y = \mu + F + e \tag{7-2}$$

模型(7-1)用于组织样本,其中 Y 为因变量($KLF7$ 表达水平),μ 为群体平均值,A 为年龄因素的固定效应,L 为系(由腹部脂肪含量选择的肉鸡系)的固定效应,e 为随机误差。模型(7-2)用于细胞样本,其中 Y 为因变量($KLF7$ 表达水平),μ 为总体平均值,F 为分化时间因子的固定效应,e 为随机误差。除非另有说明,否则差异在 $P < 0.05$ 时被认为是显著的。所有分析均使用 SAS 软件进行。

7.3　结果

7.3.1 鸡 *KLF*7 在脂肪组织发育过程中的表达模式

qPCR 分析表明,*KLF*7 在鸡腹部脂肪组织发育过程中的每一个时间点都有表达,统计分析表明,鸡腹部脂肪组织中 *KLF*7 的表达水平($KLF7/\beta - actin$)与肉鸡品系(以高、低腹脂含量为选择标准)显著相关,低脂系肉鸡脂肪组织 *KLF*7 的表达水平显著高于高脂系肉鸡($P < 0.01$),如图 7-1(a)所示。此外,鸡 KLF7 表达水平也与肉鸡年龄相关($P = 0.0007$),并在鸡脂肪组织发育过程中发生显著变化。其表达在 1 周龄达到高峰($P < 0.01$),如图 7-1(b)所示。此外,对各周龄高脂和低脂系肉仔鸡腹部脂肪组织中 *KLF*7 表达的比较表明,在 2 周龄和 5 周龄时,低脂系雄性肉鸡的 *KLF*7 表达水平显著高于高脂系雄性肉鸡的表达水平($P < 0.05$),如图 7-1(b)所示。

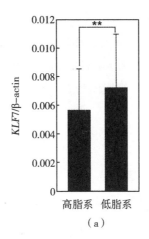

（a）

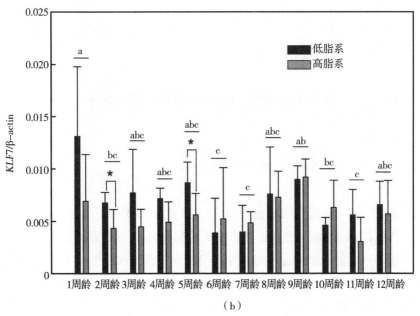

（b）

图 7-1　用 qPCR 法测定了不同周龄雄性肉鸡腹部脂肪组织中 *KLF*7 的表达水平

7.3.2　*KLF*7 在鸡脂肪细胞中的表达模式

qPCR 分析表明,在油酸诱导的鸡前脂肪细胞分化过程中,*KLF*7 的表达呈波动性。在分化过程中,$KLF7$ 的相对表达量在分化早期下降,在诱导分化后24 h 和 48 h 仍处于低水平。72 h 后其相对表达量增加并达到峰值,随后逐渐下降,如图 7 – 2(a)所示。此外,$KLF7$ 在前脂肪细胞(SV 细胞组分)中的相对表达量远高于成熟脂肪细胞(FC 细胞组分)($P < 0.05$),如图 7 – 2(b)所示。

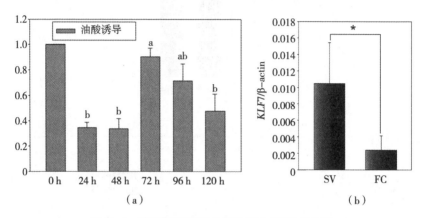

图 7 – 2 鸡前脂肪细胞分化过程中 $KLF7$ 的表达

7.3.3 $KLF7$ 对鸡前脂肪细胞分化的影响

鸡 $KLF7$ 基因在前脂肪细胞中的相对表达量高于成熟脂肪细胞,提示鸡 $KLF7$ 可能对鸡脂肪细胞的分化有潜在的抑制作用。为了直接验证这一猜想,我们构建了一个能在鸡前脂肪细胞中降低 $KLF7$ 表达水平的鸡 $KLF7$ siRNA 干扰质粒 pGenesil – 1 – siKLF7[$P < 0.01$,图 7 – 3(b)],以及一个能在鸡前脂肪细胞中表达 KLF7 蛋白的 $KLF7$ 过表达的质粒 pCMV – myc – KLF7[图 7 – 3(e)],然后进行瞬时转染,分析鸡 $KLF7$ 基因敲除或过表达对鸡前脂肪细胞分化的影响。油红 O 染色显示,与对照组相比,敲低鸡 $KLF7$ 基因表达的细胞表现出细胞内脂质积聚的增加[$P < 0.05$;图 7 – 3(a),(c)],而过表达 $KLF7$ 的细胞显示出细胞内脂质积聚的减少[$P < 0.05$;图 7 – 3(d),(f)]。

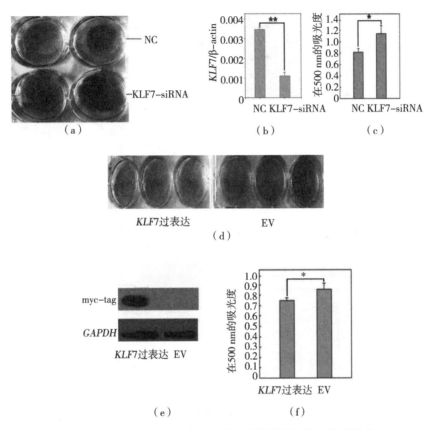

图 7 - 3　*KLF*7 基因敲除和过表达对鸡前脂肪细胞分化的影响

7.3.4　*KLF*7 对鸡前脂肪细胞增殖的影响

前脂肪细胞的增殖也是脂肪组织发育的重要过程。为了探讨 *KLF*7 对鸡前脂肪细胞增殖的影响,本书的研究采用 MTT 法检测细胞的增殖情况。结果表明,与对照组相比,过表达 *KLF*7,细胞增殖能力增强,尤其是在转染后 48 h 和 120 h 两个时间点[$P < 0.05$,图 7 - 4(a)]。然而,敲低 *KLF*7 基因表达的细胞与对照组相比,细胞增殖无明显差异[$P > 0.05$,图 7 - 4(b)]。

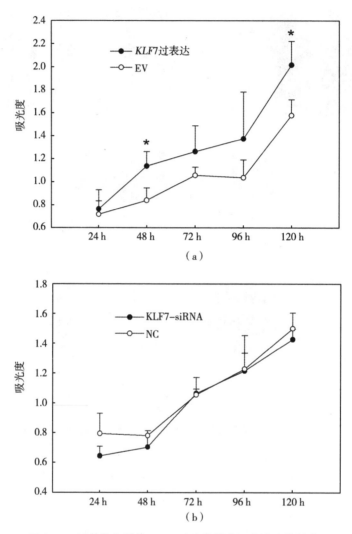

图 7-4　过表达和敲低 *KLF7* 对鸡前脂肪细胞增殖的影响

注:(a) pCMV – myc – KLF7(*KLF7* 过表达)或 pCMV – myc(空载体,EV)转染
鸡前脂肪细胞后进行的 MTT 测定;(b) 用 pGenesil – 1 – siKLF7(KLF7 – siRNA)或
pGenesil – 1 – NC(阴性对照,NC)转染鸡前脂肪细胞后进行的 MTT 测定。图中显示了
MTT 法测定的鸡前脂肪细胞的增殖,测量了 492 nm 处的吸光度;误差条
表示三个重复的标准差。* 表明两组间有显著差异(t 检验,$P < 0.05$)。

7.3.5　KLF7 对鸡 *PPARγ*、*C/EBPα*、*FASN*、*LPL* 和 *FABP4* 启动子活性的影响

　　C/EBPα 和 *PPARγ* 是鸡脂肪生成的关键调节因子,脂肪酸合成酶(FASN)、脂蛋白脂酶(LPL)和 FABP4 都是脂肪组织和脂肪细胞中重要的功能蛋白。为了揭示 KLF7 在鸡 *C/EBPα*、*PPARγ*、*FASN*、*LPL* 和 *FABP4* 转录调控中的作用,本研究进行了荧光素酶报告基因分析。结果表明,*KLF7* 过表达显著抑制 *LPL*、*C/EBPα* 和 *FASN* 启动子活性($P < 0.05$),但对 *PPARγ* 和 *FABP4* 的启动子活性无显著影响($P > 0.05$,图 7 - 5)。相反,敲除 *KLF7* 可显著提高 *C/EBPα*、*PPARγ* 和 *FABP4* 启动子活性($P < 0.05$),而对 *LPL* 和 *FASN* 的启动子活性无显著影响($P > 0.05$,图 7 -5)。

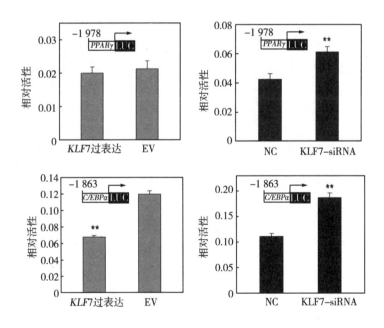

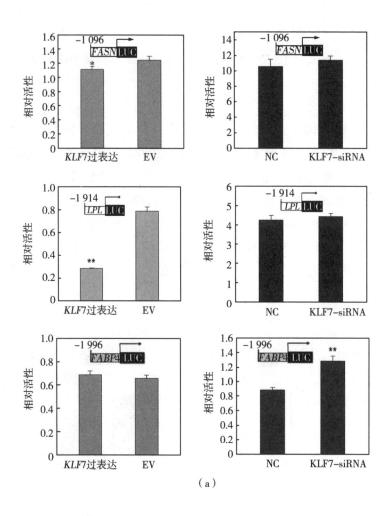

（a）

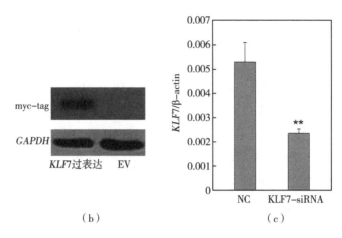

（b）　　　　　　　　　　　（c）

图 7 - 5　过表达和敲低 *KLF*7 对鸡 *PPARγ*、
C/EBPα、*FASN*、*LPL* 和 *FABP*4 启动子活性的影响

注：(a)*KLF*7 对鸡 *PPARγ*、*C/EBPα*、*FASN*、*LPL* 和 *FABP*4 启动子活性的影响。
在 DF - 1 细胞中进行了荧光素酶活性分析，启动子活性用萤火虫和肾素荧光素酶活性的
比值表示。此图显示了启动子活性的量化。误差条表示三个重复的标准差。
(b)转染 pCMV - myc - KLF7 或 EV 的 DF - 1 细胞中鸡 *KLF*7 过表达效果的免疫印迹分析。
(c)RNA 干扰对 DF - 1 细胞中鸡 *KLF*7 基因表达的影响。此图显示了 *KLF*7 的
表达水平，误差条代表了三个重复的标准差。* 表示实验组和对照组之间存在显著差异
$P < 0.05$，** 表示极显著差异 $P < 0.01$（t 检验）。*KLF*7 过表达组：转染
pCMV - myc - KLF7 的细胞；EV 组：转染 pCMV - myc 的细胞；KLF7 - siRNA 组：
转染 pGenesil - 1 - siKLF7 的细胞；NC 组：转染 pGenesil - 1 - NC 的细胞。

7.4　讨论

鸡 *KLF*7 编码区的一个单核苷酸多态性位点与鸡的肥胖性状显著相关。本
章的研究表明，鸡腹部脂肪组织中 *KLF*7 的表达水平（*KLF*7/β - actin）与腹部脂
肪含量的差异选择显著相关（$P < 0.01$），低脂系肉鸡腹部脂肪 *KLF*7 的表达水
平高于高脂系肉鸡（$P < 0.01$），提示 *KLF*7 可能对鸡腹部脂肪沉积有负面影响，
这与以前在哺乳动物中发现 *KLF*7 抑制前脂肪细胞的分化的报道一致。腹部脂
肪组织与心血管疾病、2 型糖尿病、胰岛素抵抗、炎症和其他肥胖相关疾病有很

强的相关性。因此,本章的研究结果可能有助于了解和治疗肥胖相关疾病。

尽管 *KLF7* 的表达与前脂肪细胞分化之间存在一些相关性,但 *KLF7* 在脂肪组织发育过程中的表达模式仍不清楚。本研究表明,鸡腹部脂肪组织中 *KLF7* 的表达水平与肉鸡的年龄显著相关($P < 0.01$),说明 *KLF7* 表达水平在鸡腹部脂肪组织中是受到发育调控的,提示了 *KLF7* 可能参与鸡腹部脂肪组织的发育。此外,我们的结果显示,在 1 周龄时(本研究选择的最早发育时间点),鸡 *KLF7* 在腹部脂肪组织中的相对表达量达到峰值($P < 0.01$),提示 *KLF7* 可能主要在鸡腹部脂肪组织发育的早期发挥作用。另外,低脂系肉仔鸡在 2 周龄和 5 周龄时 *KLF7* 的表达水平显著高于高脂系肉鸡($P < 0.05$),说明 *KLF7* 在 2 ~ 5 周龄肉鸡腹部脂肪发育过程中起重要作用。

前脂肪细胞分化是脂肪组织发育过程中一个重要的细胞过程。在人和小鼠的研究中已经证明 *KLF7* 是前脂肪细胞分化的负调节因子。本研究发现,*KLF7* 抑制鸡前脂肪细胞分化。然而,与其他前脂肪细胞分化的负调节因子不同的是,*KLF7* 的表达在分化早期下降,随后又逐渐增加,在分化诱导后 72 h 达到高峰。在 3T3 – L1 前脂肪细胞分化过程中,小鼠 *KLF7* 也有类似的表达趋势。这些结果表明,鸡 *KLF7* 可能像小鼠 *KLF7* 一样,在前脂肪细胞和成熟脂肪细胞中发挥作用。

前脂肪细胞的增殖是脂肪组织发育的另一个重要过程。本研究中,MTT 法分析结果显示,过表达 *KLF7* 促进了鸡前脂肪细胞的增殖,说明 *KLF7* 对鸡前脂肪细胞的增殖有促进作用。这与在小鼠胚胎干细胞中的报道一致,敲低鸡 *KLF7*,前脂肪细胞与其对照组细胞相比没有显著的增殖能力变化($P > 0.05$),表明下调鸡 *KLF7* 的表达对细胞增殖可能无明显影响,提示 *KLF7* 在高剂量下才能够对细胞增殖发挥作用。

对小鼠的研究报道表明,KLF7 在脂肪生成中起重要作用。然而,人们对 KLF7 的靶基因还知之甚少。本研究的荧光素酶报告基因分析结果显示,过表达 *KLF7* 抑制鸡 *LPL*、*C/EBPα* 和 *FASN* 的启动子活性($P < 0.05$),敲低 *KLF7* 的表达增加了鸡的 *C/EBPα*、*PPARγ* 和 *FABP4* 的启动子活性($P < 0.05$)。*C/EBPα* 是细胞周期调节因子,也是脂肪细胞分化的关键调节因子。它通过抑制细胞周期蛋白依赖性激酶 2、4 和 6,以及抑制 S 期基因转录来抑制细胞增殖。*C/EBPα* 还通过维持 *PPARγ* 的表达和反式激活成熟脂肪细胞中许多脂肪细胞

特异性基因的表达来促进前脂肪细胞的分化。在鸡 DF - 1 细胞中过表达 *KLF7* 和敲低 *KLF7* 表达的研究均证实了 *KLF7* 对 *C/EBPα* 启动子的抑制作用,表明 *KLF7* 在鸡 *C/EBPα* 的转录调控中起负调控作用,*C/EBPα* 可能是鸡 KLF7 的靶基因。KLF7 可能通过调节 *C/EBPα* 的表达来抑制鸡前脂肪细胞的分化和促进鸡前脂肪细胞的增殖。

对哺乳动物和鸟类的研究报道均表明,PPARγ 是前脂肪细胞分化主要的正调节因子。在本研究中,敲低 *KLF7* 表达提高鸡 *PPARγ* 启动子的活性,这与敲低 *KLF7* 表达促进前脂肪细胞的分化一致。FASN、LPL 和 FABP4 都是脂肪组织和脂肪细胞中重要的功能蛋白,过表达 *KLF7* 抑制了鸡 *FASN* 和 *LPL* 的启动子活性,敲低 *KLF7* 表达增加了鸡 *FABP4* 启动子的活性。这些结果与 KLF7 在鸡脂肪形成过程中的负调控作用一致,表明鸡 KLF7 可能与哺乳动物 KLF7 一样,也在成熟脂肪细胞中发挥了作用。

值得注意的是,过表达 *KLF7* 对鸡 *LPL*、*FASN*、*PPARγ* 和 *FABP4* 启动子活性的影响与敲低 *KLF7* 表达对启动子的影响并不完全相反。提示了 *KLF7* 对这些基因启动子活性的调控可能是间接的,过表达 *KLF7* 和敲低 *KLF7* 表达可能通过不同的机制来调控这些基因的启动子活性,因此,*KLF7* 调控这些基因表达的分子机制还仍有待进一步的研究。

综上所述,本研究结果显示鸡腹部脂肪组织中 *KLF7* 的表达水平与腹部脂肪含量的差异选择显著相关。在体外细胞水平上,*KLF7* 抑制了鸡前脂肪细胞的分化,但是促进了鸡前脂肪细胞的增殖。

参考文献

[1] ZOBEL D P, ANDREASEN C H, BURGDORF K S, et al. Variation in the gene encoding Krüppel - like factor 7 influences body fat: studies of 14 818 Danes[J]. European Journal of Endocrinology, 2009, 160(4): 603 - 609.

[2] BERNDT J, KOVACS P, RUSCHKE K, et al. Fatty acid synthase gene expression in human adipose tissue: association with obesity and type 2 diabetes[J]. Diabetologia, 2007, 50(7): 1472 - 1480.

[3] SHI H, WANG Q G, WANG Y X, et al. Adipocyte fatty acid - binding pro-

tein: An important gene related to lipid metabolism in chicken adipocytes[J]. Comparative Biochemistry and Physiology B: Biochemistry and Molecular Biology, 2010, 157(4): 357 –363.

[4] CAIAZZO M, COLUCCI – D'AMATO L, ESPOSITO M T, et al. Transcription factor KLF7 regulates differentiation of neuroectodermal and mesodermal cell lineages[J]. Experimental Cell Research, 2010, 316(14): 2365 –2376.

[5] SCHREM H, KLEMPNAUER J, BORLAK J. Liver – enriched transcription factors in liver function and development. Part Ⅱ: the C/EBPs and D site – binding protein in cell cycle control, carcinogenesis, circadian gene regulation, liver regeneration, apoptosis, and liver – specific gene regulation[J]. Pharmacological Reviews, 2004, 56(2): 291 –330.

第 8 章　鸡 KLF7 可能的
辅助因子 FBXO38t1

8.1　引言

　　F - box 蛋白(F - box protein)家族成员广泛存在于酵母、拟南芥、线虫、果蝇、人及其他哺乳动物等多种生物中。其结构特征是 N 端含有一段由 40～50 个氨基酸组成的 F - box 模序。F - box 模序得名于细胞周期蛋白 F(cyclin F) , F - box 模序最早被发现介导 cyclin F 与 SKP1 的蛋白互作。F - box 蛋白在泛素介导的蛋白质降解过程中特异性地识别底物,并与 SKP1、Cullin 类蛋白组成 SCF(SKP1 - Cullin - F - box protein) 类 E3,从而介导蛋白质的泛素化和降解。目前的研究报道显示,只有一部分 F - box 蛋白是通过形成 SCF 复合体的方式,引起蛋白质的泛素化降解或修饰,其他的 F - box 蛋白并不形成 SCF 复合体,它们通过其他方式(如作为转录因子的辅助因子、酶活性的抑制物等)来发挥生物学功能。F - box 蛋白家族成员众多,功能多样,它们广泛地参与了泛素 - 蛋白酶体通路(ubiquitin - proteasome pathway, UPP)、细胞周期、转录调控、细胞凋亡和信号转导等多个生命过程。到目前为止,已经发现了 68 种人类 F - box 蛋白和 74 种小鼠 F - box 蛋白。F - box 蛋白除了具有 N 端保守的 F - box 模序外,C 端还通常存在一些与蛋白互作密切相关的二级结构,这些二级结构介导 F - box 蛋白与底物的特异性识别。根据 C 端二级结构的不同, F - box 蛋白家族可以分为 3 个亚家族,即亚家族 FBXL、亚家族 FBXW 和亚家族 FBXO。亚家族 FBXL

是指 C 端富含亮氨酸重复序列(leucine - rich repeat, LRR)的 F - box 蛋白;亚家族 FBXW 是指 C 端含有 WD 重复序列(WD repeat)的 F - box 蛋白;亚家族 FBXO 中的"O"是英文"other(其他)"的首字母缩写,这个亚家族包括所有 C 端不具有上述两种结构特征的 F - box 蛋白。目前,在哺乳动物体内一共发现了 37 种 FBXO 蛋白。然而 F - box 蛋白的亚家族分类并不是一成不变的,随着蛋白质结构预测和分析方法的发展,很多以前被认为属于 FBXO 亚家族的蛋白正逐渐被重新归类到 FBXL 或 FBXW 亚家族中。

　　FBXO38 是 FBXO 蛋白亚家族中的一个成员,哺乳动物研究结果显示,FBXO38 蛋白是转录因子 KLF7 的辅助激活因子,因此又被叫作 MoKA (modula-tor of KLF7 activity)。小鼠 FBXO38 通过 F - box 模序与 KLF7 蛋白的亮氨酸拉链结构域(第 59 位到第 119 位氨基酸残基之间)发生蛋白互作,FBXO38 蛋白和转录因子 KLF7 结合后,并不引起转录因子 KLF7 的泛素化,也不形成 SCF 复合体。FBXO38 通过形成 KLF7 - FBXO38 蛋白复合体发挥作用,它利用自身的多个核输出序列(nuclear export sequence, NES)和核定位序列(nuclear localization sequence, NLS)调控 KLF7 在细胞核和细胞质中的亚细胞定位,并增强转录因子 KLF7 对其靶基因(如 $p21^{\text{Waf/Cip}}$ 基因)的转录调控作用。进一步的研究显示,位于小鼠 FBXO38 蛋白 NES 和 NLS 之间的第 473～766 位氨基酸残基是一个转录激活调控结构域,FBXO38 蛋白通过该结构域发挥转录激活作用。到目前为止,尚未发现 FBXO38 蛋白具有 DNA 结合结构域,推测 FBXO38 是一个转录辅助因子。虽然哺乳动物 FBXO38 的功能已有了一些报道,但是目前还没有鸟类 FBXO38 的研究报道。本研究从鸡腹部脂肪组织中克隆得到了一个鸡 *FBXO38* 转录本,将其命名为鸡 *FBXO38* 转录本 1 (*FBXO38* transcript variant 1; *FBXO38t*1),并分析了 *FBXO38t*1 在肉鸡不同组织中的表达模式和在肉鸡腹部脂肪组织发育过程中的表达规律,此外,还分析了 *FBXO38t*1 单独过表达以及与鸡 *KLF7* 同时过表达对脂肪组织发育和代谢相关基因启动子活性的影响。本研究为进一步研究鸡脂肪细胞分化和 FBXO38 的生物学功能提供参考。

8.2　材料与方法

8.2.1　材料

本研究采用 NEAUHLF 第 14 世代 2~10 周龄肉鸡(公鸡共 114 只,其中包括高脂系肉鸡 60 只,低脂系肉鸡 54 只)和 12 日龄 AA 肉鸡为实验材料。NEAUHLF 群体已经在我们以前的研究报道中有了详细的介绍,经过 14 个世代的选择,7 周龄 NEAUHLF 群体中,高脂系肉鸡的腹脂率是低脂系肉鸡的 4.45 倍。

8.2.2　组织取样

从 1 到 12 周龄,每周龄高低脂系肉鸡各 3~6 只。屠宰后收集腹部脂肪组织,在 7 周龄时,屠宰后同时收集肝脏、十二指肠、空肠、回肠、腹部脂肪、胸肌、腿肌、心脏、脾脏、肾脏、胰腺、腺胃、肌胃、脑和睾丸组织。收集的所有组织马上用液氮冷冻,然后储存到 -80 ℃冰箱。

8.2.3　鸡前脂肪细胞培养

从 12 日龄 AA 肉鸡中取腹部脂肪组织(3~5 g),用 PBS 清洗 2 遍后,用 2 mg/mL 的 I 型胶原酶 37 ℃消化 1 h,每隔 10 min 上下颠倒混匀一次。然后让消化后的组织液依次通过 100 μm 和 600 μm 的滤网,除去未消化的组织块。收集过滤后的组织消化液,200 g 离心 10 min。吸取上层中的絮状物就是鸡成熟脂肪细胞(fat cell, FC),之后弃去上层液体,下层细胞再次经过红细胞裂解液处理,200 g 离心 10 min,获得的就是鸡前脂肪细胞(stromal - vascular cell, SV)。分离鸡前脂肪细胞用的培养基:DMEM/F12 + 10% FBS + 1% 双抗悬浮,以每平方厘米 1×10^5 个细胞的接种密度接种到细胞培养瓶中,在 37 ℃、5% CO_2 的条件下培养。待细胞汇合 70%~90%(3~4 d)后,用胰酶消化,将细胞以每

平方厘米 1×10^5 个细胞的密度接种到 6 孔板中。培养 12 h 后,细胞大约汇合 90%,此时添加 160 μmol/L 的油酸到培养基中诱导鸡前脂肪细胞进行分化。

8.2.4 总 RNA 提取及反转录

总 RNA 提取利用 Invitrogen 公司的 TRIzol 试剂按照操作说明完成。反转录以 Oligo(dT) 为引物,利用 Promega 公司的 ImProm - Ⅱ反转录试剂盒完成。

8.2.5 鸡 *FBXO38t*1 克隆及载体构建

以高低脂系肉鸡脂肪组织混合 cDNA 为模板,PCR 扩增 *FBXO38t*1 全长编码区序列(coding sequence, CDS),引物信息和 PCR 条件见表 8 - 1。PCR 产物回收纯化后连接到 pMD - 18T 载体上,转化大肠杆菌 DH5α 感受态细胞,提取质粒酶切鉴定正确后,进行测序(华大基因)。测序正确后,利用引物两端的酶切位点(*EcoR* Ⅰ和 *Xho* Ⅰ)将目的片段亚克隆到 pCMV - HA 载体上,构建pCMV - HA - FBXO38t1 质粒。本研究用到的其他质粒包括:pCMV - myc - KLF7,pGL3 - basic - C/EBPα (- 2 214/ - 19),pGL3 - basic - FASN (- 1 086/ + 170),GL3 - basic - LPL (- 1 817/ + 163)和 pGL3 - basic - FABP4 (- 1 983/ + 35)。以上质粒由东北农业大学制备并提供。

表 8 - 1 鸡 *FBXO38t*1 克隆的引物和 PCR 条件

基因	参考序列	长度/bp	退火温度/℃	引物上下游起始位点/bp	循环数	引物序列 (5'→3')
*FBXO38t*1	XM_414482	1 650	61.5	18 1 667	35	CAGAATTCCGATGGGTCC-CAGGCGGAAAAATG CGCTCGAGTCACAAAGAC-CAGAGATTACCCTC

8.2.6　鸡胚成纤维细胞系(DF-1)的培养

DF-1 细胞培养采用完全培养基(DMEM/F12+10% FBS),并在 37 ℃、5% CO_2 的条件下进行培养。

8.2.7　real-time PCR

利用 SYBR *Premix Ex Taq* 和 ABI Prism 7500 检测系统进行 real-time PCR,反应采用 20 μL 体系,反应体系在冰上配制,体系包括:cDNA 2 μL,2×SYBR *Premix Ex Taq* 10 μL,上下游引物(10 μmol/L)各 0.4 μL,50×ROX Reference Dye Ⅱ 0.4 μL,ddH₂O 6.8 μL;反应条件为 95 ℃预变性 5 s,而后进行 40 个循环,每个循环包括 95 ℃ 5 s 和 60 ℃ 34 s。40 个循环完成后进行熔解曲线检测,real-time PCR 所用到的引物详见表 8-2。

表 8-2　用于 real-time PCR 的引物

基因	参考序列	引物上下游起始位点/bp	引物序列(5'→3')	产物长度/bp
FBXO38t1	XM_414482	1 596	AATGAGCTGCGGCAGGATG	88
		1 683	TGACTGCCAATAACGTTCACAAAGA	
FBXO38t2	XM_003642051	2 078	GATGTTCATACACGCTAC	1 013
		3 091	TGATACGGTTTCTTTCT	
β-actin	NM_205518	865	TCTTGGGTATGGAGTCCTG	331
		1 195	TAGAAGCATTTGCGGTGG	
GAPDH	NM_204305	227	CTGTCAAGGCTGAGAACG	185
		411	GATAACACGCTTAGCACCA	

8.2.8   Western – blotting

在 6 孔板培养的 DF – 1 细胞中分别转染 2 μg 的 pCMV – HA – FBXO38t1 质粒、pCMV – myc – KLF7 质粒，以及 pCMV – HA 和 pCMV – myc 质粒的混合物（empty vector, EV,两种质粒各 1 μg）培养 48 h 后,弃去培养基,在室温下用 PBS 溶液洗三次细胞。按照每孔 0.15 mL 的量加入细胞裂解液(RIPA Buffer),放置于冰上,轻轻摇动,作用 15 min 裂解细胞,裂解完成后,用干净的细胞刮将细胞刮于培养孔的一侧,用微量移液器将细胞裂解液移至 1.5 mL 离心管中。10 000 g 4 ℃离心 10 min,上清液即为细胞总裂解物。取细胞总裂解物 40 μg,加入等体积的 2 × Loading Buffer 与细胞总裂解物混合,100 ℃加热 5 min 使蛋白样品变性。之后每个变性蛋白样品取 10 μL,利用 BIO – RAD 公司的 Mini – PROTEAN 3 电泳系统进行 SDS – PAGE。电泳结束后,采用 BIO – RAD 公司的 Mini Trans – Blot 系统将蛋白样品由 PAGE 胶上转移至硝酸纤维素膜上。利用含有 5% 脱脂奶粉的 PBST(含 0.05% 吐温的 PBS)将硝酸纤维素膜室温封闭 1 h。然后洗去膜上的封闭液,将膜孵育在含有一抗(鼠源鸡 GAPDH 蛋白单抗,1∶100;鼠源 myc 标签单抗或兔源 HA 标签多抗,1∶200)的 PBST 溶液中,置于水平摇床上室温作用 1 h。用 PBST 洗膜 3 次,每次 5 min,然后将膜孵育在含二抗(山羊抗小鼠或山羊抗兔,1∶5 000)的 PBST 溶液中,置于水平摇床上室温孵育 1 h。用 PBST 洗膜 3 次,每次 5 min,之后进行常规 ECL 显色。

8.2.9   细胞转染

细胞转染采用 FuGENE HD 转染试剂按照说明书操作完成。

8.2.10   荧光素酶活性检测

在 12 孔板培养的 DF – 1 细胞系中进行,每孔细胞转染约 1 μg 质粒,每孔细胞的转染体系见表 8 – 3,转染 48 h, 回收细胞,利用 Dual – Luciferase Reporter Assay System 试剂盒检测双荧光素酶报告基因活性。

表 8 – 3　12 孔细胞培养板的 1 孔细胞的转染质粒体系

启动子荧光素酶报告质粒		pRL – TK 质粒	KLF7、FBXO38t1 过表达或空质粒
pGL3 – basic – C/EBPα（ – 2 214/ – 19）	200 ng	10 ng	800 ng
pGL3 – basic – FASN（ – 1 086/ + 170）	400 ng	8 ng	600 ng
pGL3 – basic – LPL（ – 1 817/ + 163）	400 ng	20 ng	600 ng
pGL3 – basic – FABP4（ – 1 983/ + 35）	400 ng	20 ng	600 ng

8.2.11　序列分析

BLAST 分析在 NCBI 网站上完成；多序列比对使用 Vector NTI Advance 11 完成；Blat 分析采用 UCSC 网站在线工具完成。

8.2.12　统计分析

所有统计分析运用 SAS 9.2 软件完成，数据格式表示为平均数 ± 标准差，两组数据之间的比较采用双尾不配对 t 检验，两组以上数据的分析采用 PROC GLM 程序和邓肯多重检验，$P < 0.05$ 被认为差异显著。分析 FBXO38t1 在不同组织的表达水平差异前，先利用公式（8 – 1）标准化不同组织中 FBXO38t1 的表达水平。

$$Y = (FBXO38t1/GAPDH) \times N \qquad (8-1)$$

其中 Y 为标准化后的 FBXO38t1 的表达水平，N 为已经报道的不同组织中的 GAPDH 表达水平。

$$Y = \mu + T + L + e \qquad (8-2)$$

$$Y = \mu + A + L + e \qquad (8-3)$$

公式（8 – 2）用来分析 FBXO38t1 表达水平与组织类型的关系，公式（8 – 3）用来分析脂肪组织 FBXO38t1 表达水平与肉鸡周龄的关系，其中 Y 为 FBXO38t1 的表达水平，μ 为群体平均数，T 为作为固定效应的组织类型，A 为作为固定效应的肉鸡周龄，L 为作为固定效应的肉鸡品系（高低脂系），e 为随机误差。

8.3 结果

8.3.1 鸡 *FBXO38t*1 全长编码区克隆

利用 BLAST 工具在 NCBI Nucleotide 数据库中查找与小鼠 *FBXO38*（GenBank 登录号：NM_134136）同源的鸡 cDNA 序列，发现数据库存在两个鸡 cDNA 序列与小鼠 *FBXO38* 高度同源，分别是鸡 *FBXO38* 预测 cDNA 序列（GenBank 登录号：XM_003642051，4 060 bp）和鸡假想基因 *LOC*416151 预测 cDNA 序列（GenBank 登录号：XM_414482，2 155 bp）。利用 UCSC 网站 Blat 工具分析二者在鸡基因组上的位置，发现它们都位于鸡第 13 号染色体上，且鸡假想基因 *LOC*416151 预测 cDNA 序列所在的基因组区域（chromosome = "13"，7526570 ~ 7533408）包含在鸡 *FBXO38* 预测 cDNA 序列所在的基因组区域（chromosome = "13"，7524219 ~ 7546884）之内，并且二者的多个外显子完全一致，如图 8 - 1（a）所示，此外 BLAST 结果还显示二者所在这段基因组区域是鸡 *FBXO38* 所在的基因组区域，如图 8 - 1（a）所示，表明鸡假想基因 *LOC*416151 预测 cDNA 序列和鸡 *FBXO38* 预测 cDNA 序列是鸡 *FBXO38* 的两个不同的预测转录本。为了研究的方便，本书的研究将鸡假想基因 *LOC*416151 预测 cDNA 序列（GenBank 登录号：XM_414482）命名为鸡 *FBXO38* 基因转录本 1，鸡 *FBXO38* 预测 cDNA 序列（GenBank 登录号：XM_003642051）命名为鸡 *FBXO38* 基因转录本 2，如图 8 - 1（a）所示。本研究设计了这两种转录本表达的特异性检测引物，real - time PCR 结果显示，在 6 周龄和 7 周龄肉鸡腹部脂肪组织中 *FBXO38t*1 和 *FBXO38t*2 均有表达，并且 *FBXO38t*1 的表达水平极显著高于 *FBXO38t*2 的表达水平（$P <$ 0.01），如图 8 - 2 所示。

此外，蛋白序列分析显示，FBXO38t1 蛋白预测序列（GenBank 登录号：XP_414482.2）和 FBXO38t2 蛋白预测序列（GenBank 登录号：XP_003642099.1）与已经报道的人 FBXO38 的两个转录本蛋白序列（human GenBank 登录号：NP_110420.3 和 GenBank 登录号：NP_995308.1）以及小鼠 FBXO38 蛋白序列

(GenBank accession：NP_598897.2)同源性高达 80% 以上,如图 8-3 所示。鉴于较高的蛋白序列同源性,并且小鼠 FBXO38 的蛋白结构已经有了明确的研究报道。本研究参考小鼠 FBXO38 蛋白序列,对 FBXO38t1,FBXO38t2 和人 FBXO38 的两个转录本编码蛋白序列进行了生物信息学分析,结果显示人 FBXO38 两个转录本的编码蛋白和鸡 FBXO38t2 编码蛋白均包含小鼠 FBXO38 蛋白所具有的所有功能结构域,而 FBXO38t1 编码蛋白仅具有 F-box 模序和 4 个 NES;缺少一个完整的转录激活结构域和全部 3 个 NLS,如图 8-3 所示。进一步的蛋白结构分析发现,FBXO38t2 的编码蛋白序列、人 FBXO38 转录本 2(GenBank 登录号:NM_205836)的编码蛋白序列(GenBank 登录号:NP_995308.1)与小鼠 FBXO38 蛋白序列(GenBank 登录号：NP_598897.2,即 MoKA)在结构上更加接近,并且序列长度也极为接近(图 8-3)。和小鼠 FBXO38 蛋白序列相比,人 FBXO38 的转录本 1(GenBank 登录号：NM_030793)编码的蛋白序列(GenBank 登录号:NP_110420.3)缺失了位于转录激活结构域和第二个 NLS 之间的 80 多个氨基酸(图 8-3);而 FBXO38t1 预测蛋白序列比两种人 FBXO38 转录本和小鼠 FBXO38 的蛋白序列都短,并且明显缺失了多个 C 端的重要功能结构域(图 8-3)。FBXO38t1 显然是一个预测的 FBXO38 新转录本,但尚未经实验证实。为证实 FBXO38t1 是否真实存在,本研究根据序列 XM_414482 的特异性设计了一对扩增 *FBXO38t1* 全长编码区的克隆引物 FBXO38t1-F1/R1。这对引物的上游引物 FBXO38t1-F1,处于两个转录本序列的同源性很高的保守区域,而下游引物 FBXO38t1-R1 则位于 *FBXO38t1*(GenBank 登录号：XM_414482)的特有序列上,如图 8-1(b)所示。利用引物 FBXO38t1-F1/R1,以肉鸡腹部脂肪组织 cDNA 为模板进行 PCR,琼脂糖凝胶电泳检测,PCR 获得一条长度 1.6 kb 左右的特异性条带,如图 8-1(c)所示,胶回收连接 pMD-18T 后进行测序,结果显示获得的序列长为 1 650 bp,与 NCBI 数据库提供的鸡假想基因 *LOC*416151(GenBank 登录号：XM_414482)的全长 CDS 序列完全一致(DNA 序列相似性 100%),测序所得序列已经提交 GenBank 数据库(GenBank 登录号:JX290204)。

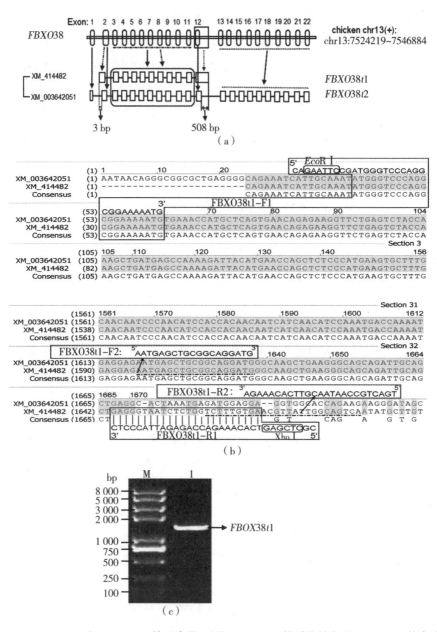

图 8 - 1 *FBXO38t1* 和 *FBXO38t2* 的示意图，以及 *FBXO38t1* 的引物信息和 *FBXO38t1* 的克隆

注：(a) 鸡 *FBXO38* 不同预测转录变体的示意图；(b) 鸡 *FBXO38t1* 引物在
XM_414482 序列上的定位及其序列信息；(c) 鸡 *FBXO38t1* 基因全长编码区序列的 PCR
扩增电泳分析，条带 1 为鸡 *FBXO38t1* 全长编码区序列的 PCR 产物电泳结果。

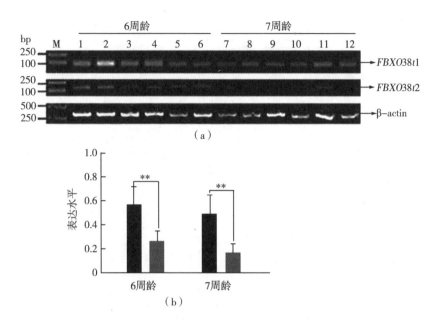

（a）

（b）

图 8 - 2　real - time PCR 检测 *FBXO38t*1 **和**
*FBXO38t*2 **在肉鸡腹部脂肪组织中的表达特征**

注：（a）1 ~ 6 表示 6 周龄肉鸡腹部脂肪组织；7 ~ 12 为 7 周龄肉鸡腹部脂肪组织；
M 为 DL2000 DNA marker；（b）鸡腹部脂肪组织中 *FBXO38t*1 和 *FBXO38t*2 的
相对表达量的柱形图。

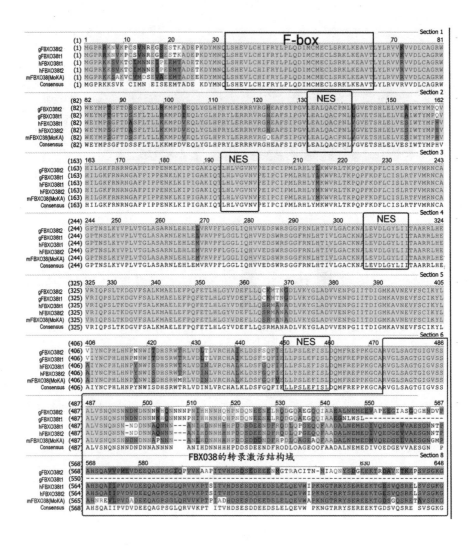

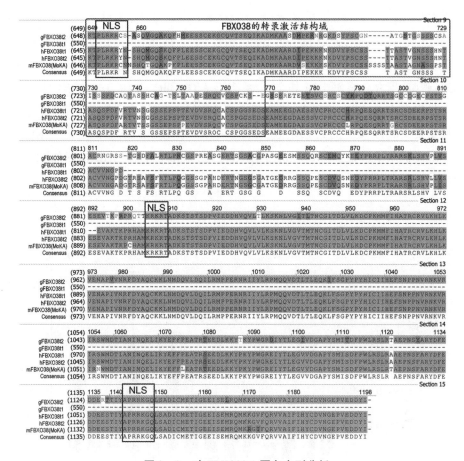

图 8 - 3　鸡 FBXO38t1 蛋白序列分析

使用 Vector NTI Advance 11 的 Align X 程序对鸡 FBXO38t1 蛋白序列（XP_414482.2）、鸡 FBXO38t2 蛋白序列（XP_003642099.1）、人 FBXO38 转录变体 1（hFBXO38t1，NP_110420.3）、人 FBXO38 转录变体 2（hFBXO38t2，NP_995308.1）和小鼠 FBXO38（mFBXO38，NP_598897.2）进行多序列比对。利用小鼠 FBXO38（MoKA）的序列信息对这些蛋白序列进行注释。

8.3.2　鸡 *FBXO38t*1 基因组织表达谱

利用 real - time PCR 方法，分析 7 周龄高、低脂系肉鸡 15 种组织中

*FBXO38t*1 的表达水平,结果显示,鸡 *FBXO38t*1 在所选的 15 种组织和器官(胸肌、脾脏、肝脏、肾脏、腿肌、肌胃、心脏、腺胃、十二指肠、腹部脂肪、空肠、回肠、睾丸、脑、胰腺)中均有一定程度的表达,如图 8 - 4(a)所示,并且在胸肌、腿肌、肌胃、脾脏、睾丸和肾脏组织中,高脂系肉鸡 *FBXO38t*1 的相对表达量要极显著高于低脂系肉鸡;而在腺胃中,高脂系肉鸡 *FBXO38t*1 的相对表达量要极显著低于低脂系肉鸡($P < 0.05$),如图 8 - 4(b)所示。比较 *FBXO38t*1 在肉鸡不同组织中的表达水平可知,相对于其他组织,鸡 *FBXO38t*1 在腹部脂肪、回肠和胰腺中的表达水平较高,如图 8 - 4(a)所示。

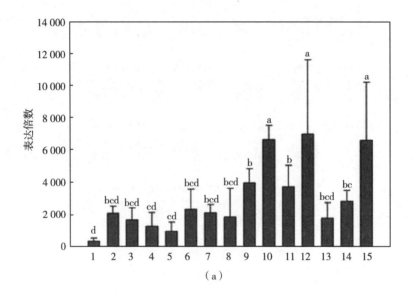

(a)

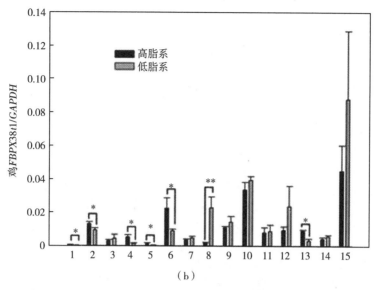

（b）

图 8-4　鸡 *FBXO38t*1 在 7 周龄

NEAUHLF 中的组织表达特征

注:1. 胸肌,2. 脾脏,3. 肝脏,4. 肾脏,5. 腿肌,6. 肌胃,7. 心脏,8. 腺胃,
9. 十二指肠,10. 腹部脂肪,11. 空肠,12. 回肠,13. 睾丸,14. 脑,15. 胰腺。

8.3.3　鸡 *FBXO38t*1 基因在高、低脂系肉鸡 1～12 周龄的表达规律

为了分析鸡 *FBXO38t*1 在肉鸡脂肪组织中的表达规律,本书的研究采用 NEAUHLF 第 14 世代 1～12 周龄肉鸡为实验材料。高、低脂系肉鸡的体重和腹脂重如图 8-5(a)和(b)所示。利用 real-time PCR 的方法,以 β-actin 为内参基因,分析鸡 *FBXO38t*1 在 NEAUHLF 第 14 世代 1～12 周龄肉鸡腹部脂肪组织中的表达规律,结果表明:鸡 *FBXO38t*1 在高、低脂系 1～12 周龄肉鸡腹部脂肪组织中均有表达,统计分析显示,随着周龄的变化,肉鸡腹部脂肪组织 *FBXO38t*1 的相对表达量呈现出先上升后下降的趋势,在 3 周龄时鸡 *FBXO38t*1 基因的相对表达量达到最高,而后又下降,如图 8-5(c)所示。此外,鸡 *FBXO38t*1 的相对表达量在高、低脂系间的 2 个时间点存在显著差异($P < 0.05$),即在 3 周龄时,低脂系肉鸡腹部脂肪组织中的相对表达量极显著高于高

脂系肉鸡($p < 0.01$),在4周龄时,低脂系肉鸡腹部脂肪组织中 *FBXO38t*1 的相对表达量显著高于高脂系肉鸡($P < 0.05$),其他时间点两系间没有显著差异($P > 0.05$),如图8−5(c)所示。

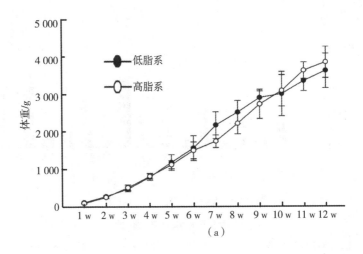

（a）

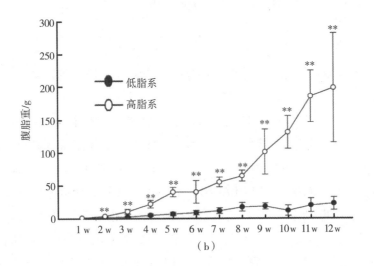

（b）

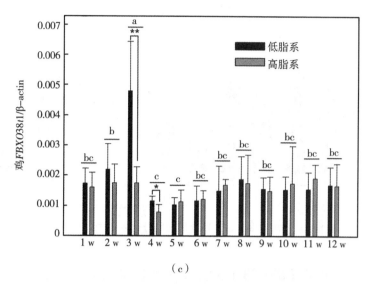

（c）

图 8 - 5 鸡 FBXO38t1 在 NEAUHLF 雄性肉鸡腹部脂肪组织中的表达规律

8.3.4 鸡 FBXO38t1 基因在脂肪细胞分化过程中的表达规律

以 β - actin 为内参基因,利用 real - time PCR 的方法分析鸡 FBXO38t1 在鸡脂肪细胞分化过程中的表达规律,发现在油酸诱导鸡脂肪细胞分化过程中,随着诱导时间的增加,鸡的 FBXO38t1 的相对表达量,除 72 h 时间点外,总体呈现下降的趋势($P < 0.05$),如图 8 - 6(a)所示。此外,发现鸡 FBXO38t1 在直接分离(未经培养)的前脂肪细胞(SV)中的表达水平极显著高于在成熟脂肪细胞(FC)中的表达水平($P < 0.01$),如图 8 - 6(b)所示。

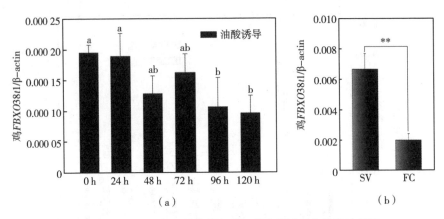

图 8-6　*FBXO38t*1 在鸡前脂肪细胞分化过程中的表达规律

8.3.5　过表达鸡 *FBXO38t*1 对脂肪组织重要功能基因启动子活性的影响

哺乳动物的研究表明,*FBXO38t*1 的主要功能是增强转录因子 KLF7 的转录调控作用。为了解鸡 *FBXO38t*1 在脂肪组织生长发育中的作用,本研究利用 *FBXO38t*1 克隆引物两端的酶切位点(*EcoR* Ⅰ 和 *Xho* Ⅰ),在保证阅读框正确的情况下,将鸡 *FBXO38t*1 全长 CDS 亚克隆到 pCMV - HA 载体上,成功构建了 pCMV - HA - FBXO38t1 表达质粒。Western blotting 分析显示,转染了 pCMV - myc - KLF7 和 pCMV - HA - gFBXO38t1 质粒的 DF - 1 细胞,分别成功地过表达了鸡 KLF7 和鸡 FBXO38t1 蛋白,如图 8 - 7(b)所示。启动子报告基因分析显示,与对照组(转染空质粒的细胞)相比,单独过表达 *FBXO38t*1 对鸡 *C/EBPα*、*LPL*、*FASN* 和 *FABP4* 的启动子活性具有极显著的抑制作用($P < 0.01$),如图 8 - 7(a)所示;过表达鸡 *KLF*7 对 *FABP4* 启动子活性没有显著影响($P > 0.05$),如图 8 - 7(a)所示,对 *C/EBPα*($P < 0.01$)、*LPL*($P < 0.01$)和 *FASN*($P < 0.05$)启动子活性具有显著抑制作用,如图 8 - 7(a)所示。但鸡 *FBXO38t*1 和鸡 *KLF*7 同时过表达时,*C/EBPα* 启动子活性极显著($P < 0.01$)低于对照组,并且低于单独过表达鸡 *KLF*7 或 *FBXO38t*1 实验组,如图 8 - 7(a)所示,*LPL* 启动子活性极显著低于对照组($P < 0.01$),低于单独过表达鸡 *FBXO38t*1 实验组,但是高于单独过表达鸡 *KLF*7 的实验组,如图 8 - 7(a)所示;*FASN* 和 *FABP4* 的启动子活性

极显著高于单独过表达鸡 *FBXO38t*1 的实验组($P < 0.01$)，如图 8 - 7(a)所示，但是与对照组和单独过表达鸡 *KLF*7 的实验组均没有显著差异($P > 0.05$)，如图 8 - 7(a)所示。

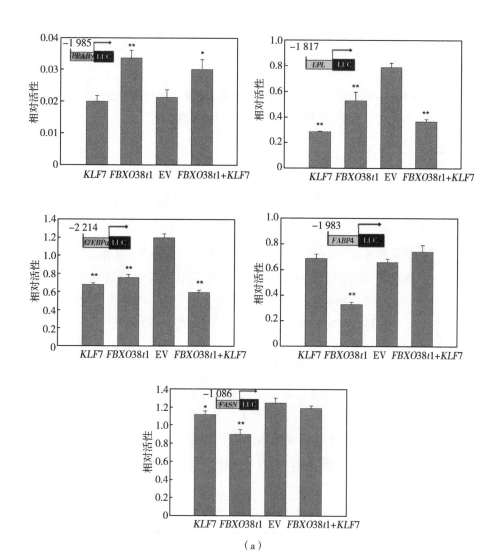

（a）

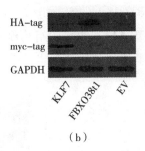

（b）

图 8-7　鸡 *KLF7* 和 *FBXO38t*1 单独或联合过表达对 *LPL*、*C/EBPα*、
*FABP*4 和 *FASN* 基因启动子活性的影响

8.4　讨论

小鼠的研究结果表明，FBXO38 不参与形成 SCF 复合体，它通过与 KLF7 形成 KLF7-FBXO38 蛋白复合体发挥转录调控作用。人体的研究结果表明，*FBXO38* 是一个具有多种转录本的基因，目前已鉴定出了两种人 FBXO38 转录本，分别是人 FBXO38t1 和人 FBXO38t2。本研究利用鸡腹部脂肪组织 cDNA 为模板，通过 PCR 扩增克隆了一个鸡 *FBXO38* 转录本（*FBXO38t*1），其所编码的蛋白没有 NLS，并且转录激活结构域也不完整，这是目前第一个被克隆测序证实的鸡 *FBXO38* 转录本，同时这也是一个全新的 *FBXO38* 基因转录本，它和已经报道的所有人和小鼠 *FBXO38* 转录本都不一样。序列分析结果显示，*FBXO38t*1 产生的原因是，鸡 *FBXO38* 基因在选择性转录拼接时缺失了第 1 和第 13~22 外显子，并且第 12 外显子和部分第 12 内含子序列被剪接成了一个带有翻译终止密码子的新外显子。

检索鸡数量性状位点（quantitative trait loci，QTL）数据库发现，鸡 *FBXO38* 所在的基因组区域（chromosome = "13"，7524219~7546884）附近存在两个与鸡脂肪性状显著相关的 QTL，分别是 QTL（ADL0147~ADL0225，QTL 区域：32~70 cM）和 QTL（MCW340，QTL 区域：22 cM 附近）。QTL（ADL0147~ADL0225）与腹部脂肪重和皮肤脂肪重都显著相关，QTL（MCW340）只与腹部脂肪重显著相关，但是目前还无法确定鸡 *FBXO38* 是否确实处于这两个 QTL 之中，也没有

鸡 *FBXO38* 基因的 SNP 与鸡脂肪性状显著相关,或鸡 *FBXO38* 基因位于脂肪性状显著 SNP 连锁不平衡区间的研究报道。本研究发现 *FBXO38t1* 和 *FBXO38t2* 在 6 周龄和 7 周龄肉鸡腹部脂肪组织中均有表达,暗示了鸡 *FBXO38* 基因可能对鸡腹部脂肪发育具有调控作用。而鸡 *FBXO38t1* 相对表达量高于 *FBXO38t2* 的相对表达量,进一步提示了相对于 *FBXO38t2*,转录本 *FBXO38t1* 可能在鸡脂肪组织发育过程中起着更重要的作用。

因为 *GAPDH* 在同种组织中表达水平相对恒定,在不同组织中的表达水平已经有了详细报道,所以本书的研究选择 *GAPDH* 作为内参基因来分析 *FBXO38t1* 的组织表达规律。结果显示,鸡 *FBXO38t1* 在本研究选择的 15 种肉鸡组织均有一定程度的表达,表明鸡 *FBXO38t1* 的表达规律与 *KLF7* 基本一致,两者都在多种组织中广泛表达,暗示鸡 *FBXO38t1* 在功能上可能与 *KLF7* 具有一定的联系。此外,本研究发现,鸡 *FBXO38t1* 在腹部脂肪组织、回肠和胰腺中表达水平较高,暗示了鸡 *FBXO38t1* 可能在这 3 种组织中发挥重要作用。而高、低脂系肉鸡的组织表达分析发现,鸡 *FBXO38t1* 在两系肉鸡的胸肌、腿肌、肌胃、脾脏、睾丸、腺胃和肾脏这 7 种组织中在存在显著表达差异。这暗示了 *FBXO38t1* 的功能可能与肉鸡肥胖及其并发症有关。

β – actin 是研究脂肪细胞分化常用的内参基因,3T3 – L1 细胞系中的实验结果表明,β – actin 在脂肪细胞诱导分化过程中的相对表达量相对恒定,是研究脂肪细胞分化的一个相对理想的内参基因;*GAPDH* 基因的表达水平在脂肪细胞分化过程中变化较大,不适宜作为分析脂肪细胞分化的内参基因。因此,本研究选择 β – actin 为内参基因来分析鸡腹部脂肪组织发育过程中 *FBXO38t1* 的表达模式。实验结果显示,鸡 *FBXO38t1* 的相对表达量随着肉鸡周龄的变化呈现出显著的变化,暗示在脂肪组织发育过程中 *FBXO38t1* 参与了鸡腹部脂肪组织的发育调控。此外,还发现在 3 和 4 周龄时高、低脂系肉鸡腹部脂肪组织中 *FBXO38t1* 的相对表达量存在极显著差异,而其他周龄腹部脂肪组织 *FBXO38t1* 的相对表达量在两系间没有显著差异,暗示了 3 到 4 周龄可能是 *FBXO38t1* 调控鸡腹部脂肪组织发育的重要阶段;而在 3 和 4 周龄时,低脂系肉鸡腹部脂肪组织中 *FBXO38t1* 的表达水平极显著高于高脂系肉鸡,则进一步暗示了 *FBXO38t1* 可能对肉鸡腹部脂肪组织发育具有负调控作用。体外培养的鸡前脂肪细胞在分化过程中,*FBXO38t1* 的相对表达量逐渐下降,前脂肪细胞中

*FBXO*38*t*1 的表达水平极显著高于成熟脂肪细胞中的表达水平,这和已经报道的众多脂肪细胞分化负调控因子(如 *KLF2*,*GATA2/3*,*ETO/MTG8*,*CHOP*10 和 *GILZ* 等)的表达模式完全一致,进一步暗示了鸡 *FBXO*38*t*1 可能具有抑制鸡脂肪细胞分化的作用。

脂肪组织发育是一个复杂的生物学过程,它的调控过程涉及了众多的转录因子,C/EBPα 是脂肪细胞分化的一个主要调控因子。此外,脂肪组织是机体重要的能量储存库和内分泌器官,它在能量平衡、糖脂代谢、免疫、生殖以及癌症发生等多方面发挥着重要的调控作用,LPL、FASN 和 FABP4 是脂肪组织的重要功能性蛋白。本书的研究发现,过表达鸡 *FBXO*38*t*1 对鸡 *C/EBP*α、*LPL*、*FABP4* 和 *FASN* 的启动子活性都具有调控作用,表明鸡 *FBXO*38*t*1 对脂肪组织的发育和功能可能都具有重要的调控作用。过表达鸡 *FBXO*38*t*1 抑制鸡 *C/EBP*α、*LPL*、*FABP4* 和 *FASN* 的启动子活性,从另一个角度提示了鸡 *FBXO*38*t*1 具有抑制鸡脂肪组织发育的功能。

哺乳动物的研究结果表明,*FBXO*38 作为转录因子 KLF7 的辅助因子发挥生物学作用,本研究发现同时过表达鸡 *KLF7* 和 *FBXO*38*t*1 对鸡 *LPL*、*FASN* 和 *FABP4* 基因启动子活性的影响介于单独过表达二者之间,说明在过表达鸡 *FBXO*38*t*1 的同时,过表达鸡 *KLF7* 并不能显著增强过表达鸡 *FBXO*38*t*1 对鸡 *LPL*、*FASN* 和 *FABP4* 基因启动子活性的调控作用,表明了在本书研究所用的 DF-1 细胞这一系统中,鸡 *FBXO*38*t*1 的调控并不完全依赖于转录因子 KLF7,鸡 *FBXO*38*t*1 可能通过其他途径来发挥调控作用。此外,本书的研究还发现,同时过表达鸡 *KLF7* 可以抵消 *FBXO*38*t*1 过表达对鸡 *FASN* 和 *FABP4* 启动子的抑制作用,并且能增强 *FBXO*38*t*1 过表达对鸡 *C/EBP*α 启动子的抑制作用,暗示鸡 FBXO38t1 和鸡 KLF7 可能存在蛋白互作,但这种互作可能是基因特异性的。序列分析结果显示,鸡 FBXO38t1 虽然具有与 KLF7 蛋白互作相关的 F-box 模序,但是 *FBXO*38*t*1 不存在核定位序列,且缺乏完整的转录激活结构域,暗示了 FBXO38t1 与鸡 KLF7 蛋白互作的方式很可能与小鼠 FBXO38 不完全相同。

综上所述,本研究发现了一个新的 *FBXO*38 的转录剪接体(*FBXO*38*t*1)。*FBXO*38*t*1 在多个组织广泛表达。脂肪组织发育和细胞分化中的表达模式分析和报告基因分析都提示 *FBXO*38*t*1 是鸡脂肪组织形成的抑制因子。

参考文献

[1] ATZMON G, BLUM S, FELDMAN M, et al. QTLs detected in a multigenerational resource chicken population[J]. Journal of Heredity, 2008, 99(5): 528 –538.

[2] ARSENIJEVIC T, GREGOIRE F, DELFORGE V, et al. Murine 3T3 – L1 adipocyte cell differentiation model: Validated reference genes for qPCR gene expression analysis[J]. PLoS One, 2012, 7(5): e37517.

[3] 张志威,李辉,王宁. KLF 转录因子家族与脂肪细胞分化[J]. 中国生物化学与分子生物学报,2009,25(11): 983 –990.

[4] 张志威,陈月婵,裴文宇,等. 过表达鸡 Gata2 或 Gata3 基因抑制 PPARγ 基因的转录[J]. 中国生物化学与分子生物学报,2012, 28(9): 835 –842.

[5] HUI S, WANG Q, WANG Y, et al. Adipocyte fatty acid – binding protein: An important gene related to lipid metabolism in chicken adipocytes[J]. Comparative Biochemistry and Physiology Part B: Biochemistry and Molecular Biology, 2010, 157(4): 357 –363.

第 9 章　鸡 KLF7 的第三个 C2H2 锌指结构在脂肪组织中的转录调控功能研究

9.1　引言

KLFs 是一组通过高度保守的 C 末端 C2H2 锌指结构域与靶基因中的 CAC-CC/GC/GT 盒结合来调节基因表达的转录因子。KLF7 是 KLFs 的一员,因为它在成人许多组织中广泛低水平表达,所以又被称为普遍存在的 Krüppel 样因子(ubiquitous Krüppel – like factor, UKLF)。KLF7 在神经外胚层和中胚层细胞谱系的分化中发挥重要作用,是人类肥胖、2 型糖尿病和血液疾病的关键调节因子。

由于其在神经治疗和代谢综合征中的作用,人 KLF7 的结构已被广泛研究。KLF7 的 N 端结构域是其转录调控结构域,其保守程度低于 C 端结构域。人 KLF7 的转录调控结构域分为两个结构域,即 1 ~ 47 个氨基酸之间的酸性结构域和 76 ~ 211 个氨基酸之间的富丝氨酸的疏水结构域。此外,人类 KLF7 的 59 ~ 119 个氨基酸之间包含了一个进化上保守的亮氨酸拉链结构域,该结构域是 KLF7 和辅助因子 MoKA 发生相互作用的必需模序。此外,KLF7 的 N 端 1 ~ 76 个氨基酸的缺失在发育过程中增强了 KLF7 在神经元中的表达,但是却牺牲了其促进突起生长的能力。然而,第三个 C2H2 锌指结构在 KLF7 中的作用尚未得到很好的研究。

之前的研究发现,鸡 KLF7 蛋白序列与人 KLF7 蛋白序列之间是高度保守的。此外,我们还发现低脂系肉仔鸡腹部脂肪组织中的 *KLF*7 转录水平高于高脂系肉仔鸡,并且 *KLF*7 调节脂肪组织中几个重要功能基因的启动子的活性。本章研究了鸡 KLF7 的第三个锌指结构对其在 DF - 1 细胞中转录调控活性的影响。研究结果有助于阐明重组 KLF7 的结构功能,以及鸡 KLF7 在代谢紊乱中的作用。

9.2　材料和方法

9.2.1　细胞培养

鸡 DF - 1 细胞在添加 10% 胎牛血清的 DMEM/F12 培养基中生长。培养条件为:温度 37 ℃ , CO_2 浓度 5% 。

9.2.2　质粒构建

野生型鸡 *KLF*7 的过表达质粒 pCMV - myc - KLF7,以及荧光素酶报告基因质粒 pGL3 - basic - PPARγ(- 1 978/ - 82),pGL3 - basic - C/EBPα(- 1 863/ + 332),pGL3 - basic - FASN(- 1 096/ + 160),pGL3 - basic - LPL(- 1 914/ + 66)和 pGL3 - basic - FABP4(- 1 996/ + 22)的构建和信息如前所述。基于鸡 *KLF*7 预测转录变体的记录(GenBank 登录号:XM_426569.2),用上游引物 F: 5′ - CGGAATTCTGTGCCAGTTTAG - 3′;下游引物 R: 5′ - GTGGTACTTACTCT-GTCAAATGGTTGCAT - 3′从鸡脂肪组织 cDNA 中进行 PCR 扩增。用 0.8% 琼脂糖凝胶对扩增产物 *KLF*7*m*1 进行分离,得到所需条带,将纯化的 cDNA 亚克隆到 pMD - 18T 载体中,经测序验证正确后,利用 *Eco*R Ⅰ 和 *Kpn* Ⅰ 双酶切处理 pMD - 18T - KLF7m1 质粒,从 pMD - 18T - KLF7m1 质粒中释放出 *KLF*7*m*1 全长编码区,并将其亚克隆到 pCMV - myc 载体上,获得 *KLF*7*m*1 过表达载体 pCMV - myc - KLF7m1。以 pCMV - myc - KLF7m1 质粒为模板,利用单点突变技术获得缺失第三个锌指结构的 KLF7 突变 2(*KLF*7*m*2)的过表达质粒 pCMV - myc - KLF7m2。简要概括为,利用单点突变试剂盒将编码连接第二个和第三个

锌指结构的 TGAKPFK 基序的 5′ – ACGGTGCAAGCCTTTAAA – 3′（805 bp 至 822 bp）突变为编码 TGA – PFK 的 5′ – ACGGGTGCATAGCCCTTTAAA，所使用的 MUT 引物对为 F：5′ – AAGCACAGGGTGCATAGCCTTTAAATGCAAC – 3′和 R：5′ – GTTGCATAAGGGCTATGCACCCTGTGTGCTT – 3′。

9.2.3　Western blotting 分析

　　Western blotting 分析如前所述。转染 pCMV – myc – KLF7、pCMV – myc – KLF7m1、pCMV – myc – KLF7m2 或 pCMV – myc（空载体，EV）质粒的 DF – 1 细胞培养 2 天，在 RIPA 缓冲液中裂解细胞。细胞裂解液与 5 × 变性裂解缓冲液混合，在沸水中煮沸 5 min，裂解液在 5% ~ 12% SDS – PAGE 上分离，之后利用转膜仪将蛋白从 SDS – PAGE 上转移到 PVDF 膜上。利用 5% 脱脂奶粉封闭 PVDF 膜后，利用抗 myc – tag 的一抗（1∶200）、PPARγ 或 β – actin 肌动蛋白（1∶1 000）对膜进行孵育，之后利用辣根过氧化物酶结合二抗（1∶5 000）处理 PVDF 膜，最后使用 BeyoECL Plus 试剂盒进行胶片曝光。

9.2.4　荧光素酶报告基因分析

　　荧光素酶报告基因分析如前所述。DF – 1 细胞在 DMEM/F12 培养基中生长，并在 12 孔板中培养。在转染实验中，使用 FuGENE HD 转染试剂对每孔细胞转染总共 1 μg 的质粒 DNA，转染系统如表 9 – 1 所示。转染并孵育 48 h 后，将细胞在 250 mL 被动裂解缓冲液中裂解，取部分裂解液使用双荧光素酶报告基因系统进行萤火虫和肾素荧光素酶分析。启动子活性用萤火虫荧光素酶活性和肾素荧光素酶活性的比值表示，并用转染 pCMV – myc 质粒的空载体组（EV）的平均相对活性来标准化每组的相对活性。

表 9 - 1　12 孔板的每孔细胞中转染的质粒体系

分组	报告基因质粒		pRL - TK	过表达质粒
PPARγ	pGL3 - basic - PPARγ（ - 1 978/ - 82）	400 ng	8 ng	600 ng
C/EBPα	pGL3 - basic - C/EBPα（ - 1 863/ + 332）	200 ng	10 ng	800 ng
FASN	pGL3 - basic - FASN（ - 1 096/ + 160）	400 ng	8 ng	600 ng
LPL	pGL3 - basic - LPL（ - 1 914/ + 66）	400 ng	20 ng	600 ng
FABP4	pGL3 - basic - FABP4（ - 1 996 / + 22）	400 ng	20 ng	600 ng

9.2.5　序列分析

所用序列均来自 NCBI 蛋白质数据库。由于预测序列的更新频繁,因此本章只对经过 NCBI 正式认证并命名为 NP 的 KLF7 序列进行序列分析。所用序列包括人、小鼠、猪、牛、鸡、青蛙和斑马鱼等物种的 KLF7 序列。KLF7 在每个物种中最长的转录变体被用于序列分析,如表 9 - 2 所示。用 DNAMAN 获得 KLF7 多序列比对的整体一致性,用 Clustal - Omega 得到相似性百分数矩阵。

表 9 - 2　用于序列分析的 KLF7 信息

物种	mRNA 序列	基因组位置	蛋白质序列	蛋白大小
人	NM_003709	chromosome = "2"	NP_003700	302 aa
鸡	NM_001318990	chromosome = "7"	NP_001305919	296 aa
小鼠	NM_033563	chromosome = "1"	NP_291041	301 aa
猪	NM_001097487	chromosome = "15"	NP_001090956	302 aa
牛	NM_001192919	chromosome = "2"	NP_001179848	302 aa
非洲爪蛙	NM_001087437	chromosome = "9_10S"	NP_001080906	293 aa
热带爪蛙	NM_001079466	chromosome = "9"	NP_001072934	296 aa
斑马鱼 a	NM_001020643	chromosome = "1"	NP_001018479	286 aa
斑马鱼 b	NM_001044766	chromosome = "9"	NP_001038231	295 aa

9.2.6　统计分析

所有统计分析均使用 SAS 9.2 软件完成。采用 Shapiro - Wilk 检验分析数据是否处于正态分布。用方差分析检验各组间的差异。组间比较采用 PROC GLM 程序,然后采用邓肯多重检验分析组间差异,数据处理模型如下:

$$Y = \mu + F + e$$

其中,Y 为因变量(启动子活性或 $PPAR\gamma$ 表达水平),μ 为群体平均值,F 为不同转染条件下过表达质粒的固定效应,e 为随机误差。除非另有说明,否则在 $P < 0.05$ 时,差异被认为是显著的。

9.3　结果

9.3.1　鸡 KLF7 的序列分析

KLF7 是从鱼类到人类,特别是哺乳动物和鸟类中的一个保守基因(表 9 - 3)。在本研究中,基于鸡和人 KLF7 蛋白的序列比对,分析了鸡 KLF7 的结构,如图 9 - 1(a)所示。各区块的高度同源性表明,鸡 KLF7 蛋白也可分为三个结构域,分别是 N 端的酸性氨基酸结构域(1~47 aa)、C 端的三个 C2H2 锌指结构(215~296 aa)和两个结构域之间的富丝氨酸的疏水结构域(76~205 aa)。此外,在鸡 KLF7 蛋白序列中也发现了核定位序列(206~212 aa)基序。

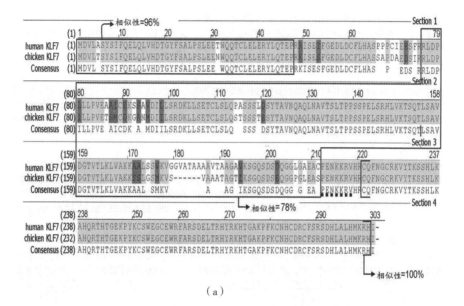

（a）

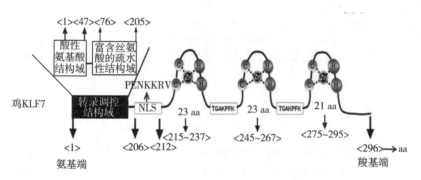

（b）

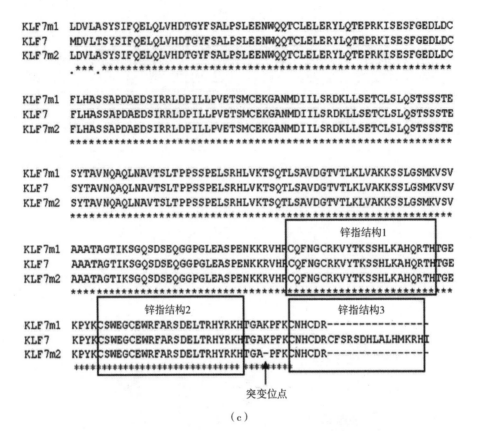

图 9 - 1　鸡 KLF7 及其突变的示意图

注:(a) 鸡 KLF7 和人 KLF7 蛋白序列的比对;(b)鸡 KLF7 蛋白的示意图;
(c)鸡 KLF7 蛋白突变模式图。KLF7,野生型鸡 KLF7;KLF7m1,第三个锌指结构
缺少一半的鸡 KLF7 突变株;KLF7m2,完全缺失第三个锌指结构的鸡 KLF7 突变株。

表 9 – 3 相似性百分数矩阵

	非洲爪蛙	热带爪蛙	鸡	小鼠	人	牛	猪	斑马鱼 a	斑马鱼 b
NP_001080906	100.00	97.61	80.14	77.47	77.82	77.47	78.5	69.23	68.44
NP_001072934	97.61	100.00	80.68	78.38	78.38	78.38	79.05	69.2	68.07
NP_001305919	80.14	80.68	100.00	87.16	86.82	87.84	87.84	70.76	69.58
NP_291041	77.47	78.38	87.16	100.00	97.01	96.35	97.01	71.89	69.31
NP_003700	77.82	78.38	86.82	97.01	100.00	97.02	98.34	70.92	69.07
NP_001179848	77.47	78.38	87.84	96.35	97.02	100.00	98.68	70.57	68.73
NP_001090956	78.50	79.05	87.84	97.01	98.34	98.68	100.00	71.28	68.73
NP_001018479	69.23	69.20	70.76	71.89	70.92	70.57	71.28	100.00	82.98
NP_001038231	68.44	68.07	69.58	69.31	69.07	68.73	68.73	82.98	100.00

已有研究表明,KLFs 中的锌指结构主要起 DNA 结合域的作用,此外,有时也在蛋白质 – 蛋白质相互作用中发挥作用。然而,KLF7 的每个锌指结构的功能尚不清楚。在 NCBI 核苷酸序列数据库中有一个鸡 *KLF7* 预测转录变异体的记录(GenBank 登录号:XM_426569.2),该转录变异体缺少完整的第三个锌指结构,但鸡 KLF7 的第一个或第二个锌指结构未发现存在类似记录,表明第三个锌指结构可能是鸡 KLF7 功能调控的靶点。本书研究了鸡 KLF7 的第三个锌指结构在 DF – 1 细胞中对多个脂肪组织功能基因转录调控方面的影响。

用 DNAMAN 软件进行的对鸡 KLF7 蛋白序列在物种间的多序列比对结果如图 9 – 2 所示。

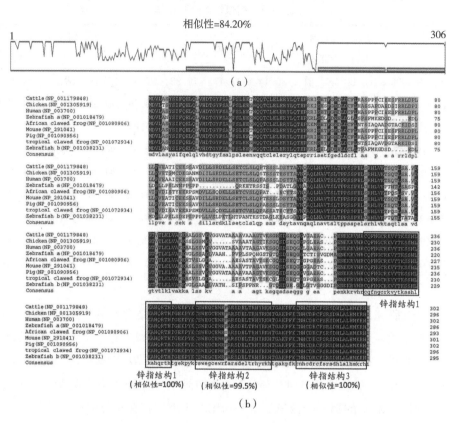

图 9 - 2　对 KLF7 蛋白序列在物种间的多序列比对结果

注:(a) KLF7 的多序列比对的模式图和总体相似性得分,

底部的灰色线表示高度保守的区域;(b) 多序列比对的细节图。

9.3.2　鸡野生型 *KLF7* 及其两个突变体在 DF - 1 细胞中的高表达

首先,构建了野生型鸡 *KLF7* 过表达质粒 pCMV - myc - KLF7 和鸡 *KLF7* 突变体 pCMV - myc - KLF7m1 和 pCMV - myc - KLF7m2 质粒。Western blotting 分析表明,转染 pCMV - myc - KLF7、pCMV - myc - KLF7m1 和 pCMV - myc - KLF7m2 质粒的 DF - 1 细胞可以在 33 kDa 处表达 myc - tag 蛋白,即预测的鸡 KLF7 蛋白大小,如图 9 - 3(b)所示。结果表明,这三种质粒均能在 DF - 1 细胞

中表达鸡野生型 KLF7、KLF7m1 和 KLF7m2 蛋白。

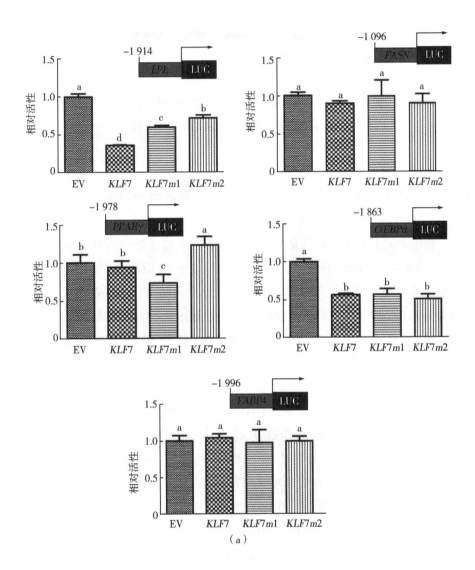

（a）

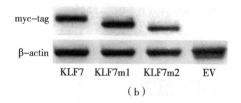

myc-tag

β-actin

KLF7　KLF7m1　KLF7m2　EV

（b）

图 9 - 3　*KLF7*、*KLF7m1* 和 *KLF7m2* 过表达对鸡 *LPL*、*FASN*、

***PPARγ*、*C/EBPα* 和 *FABP4* 启动子活性的影响**

9.3.3　鸡 KLF7 第三个锌指结构对其转录调控的影响

采用荧光素酶报告基因研究鸡 KLF7 第三个锌指结构对其转录调控的影响。在 DF - 1 细胞中研究了脂肪组织中可能由鸡 *KLF7* 调节的 *LPL*、*FASN*、*PPARγ*、*C/EBPα* 和 *FABP4* 的启动子活性。结果表明,鸡 *KLF7* 的过表达显著抑制 *LPL* 和 *C/EBPα* 的启动子活性($P < 0.05$),如图 9 - 3(a)所示。鸡 *KLF7* 过表达组和 EV 组 *FASN*、*PPARγ* 和 *FABP4* 的启动子活性无显著差异($P > 0.05$),如图 9 - 3(a)所示。这些结果与我们之前的结果一致。

此外,*KLF7* 对 *LPL* 启动子活性的抑制与第三个锌指结构的剩余长度显著相关($F = 30.68, P < 0.000\ 1, P < 0.000\ 1$),*KLF7* 过表达对 *LPL* 启动子活性的影响显著大于 *KLF7m1* 和 *KLF7m2*($P < 0.05$),如图 9 - 3(a)所示。这些结果表明,失去第三个锌指结构可能会损害 *KLF7* 对脂蛋白转运中的重要功能蛋白 LPL 的转录调控。然而,与野生型 *KLF7* 一样,*KLF7m1* 和 *KLF7m2* 的过表达都抑制了 *LPL* 启动子的活性($P < 0.05$),如图 9 - 3(a)所示,说明第三个锌指结构的缺失并不能导致 *KLF7* 对 *LPL* 启动子活性的抑制作用的完全消失。*KLF7* 对 *LPL* 的转录调控并非仅依赖于 KLF7 的第三个锌指结构,因此可能存在其他一些机制。

野生型 *KLF7*、*KLF7m1* 和 *KLF7m2* 在 *FASN*、*C/EBPα* 和 *FABP4* 的启动子活性上无显著差异($P > 0.05$),如图 9 - 3 所示。与 EV 组相比,*KLF7*、*KLF7m1* 或 *KLF7m2* 的过表达均显著抑制 *C/EBPα* 的启动子活性($P < 0.05$),如图 9 - 3(a)所示,但对 *FASN* 和 *FABP4* 的启动子活性无显著影响($P > 0.05$),如图 9 - 3(a)

所示。这些结果表明,KLF7 中第三个锌指结构的缺失并没有改变 *KLF7* 对 *C/EBPα*、*FASN* 和 *FABP4* 的转录调控,即第三个锌指结构可能不是 KLF7 对脂肪组织某些靶基因的转录调控所必需的。

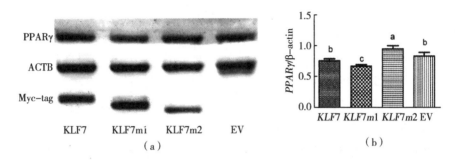

图 9 - 4 *KLF7*、*KLF7m1* 和 *KLF7m2* 过表达对鸡 *PPARγ* 表达的影响

值得注意的是,*KLF7m1* 或 *KLF7m2* 过表达对 *PPARγ* 启动子活性的影响是不同的($F = 17.28, P = 0.003\ 2$)。*KLF7* 过表达对 *PPARγ* 启动子活性无显著影响($P > 0.05$),*KLF7m1* 过表达显著抑制 *PPARγ* 启动子活性($P < 0.05$),*KLF7m2* 过表达显著促进 *PPARγ* 启动子活性($P < 0.05$),如图 9 - 3(a)所示。此外,Western blotting 分析显示,与 EV 组相比,*KLF7* 过表达对 *PPARγ* 的表达无显著影响($P > 0.05$),*KLF7m1* 过表达抑制 *PPARγ* 的表达($P < 0.05$),*KLF7m2* 过表达增加 DF - 1 细胞中 *PPARγ* 的表达($P < 0.05$),如图 9 - 4 所示,与荧光素酶报告基因检测结果一致。这些结果表明,KLF7 的第三个锌指结构可能在 *PPARγ* 表达的调控中起重要作用,可能是 KLF7 在脂肪生成中功能调节的靶点。

在 *LPL*(- 1 914/ + 66)和 *PPARγ*(- 1 978/ - 82)中,如表 9 - 4 所示的启动子中有几个 *KLF7* 结合位点。第三个锌指结构突变可能影响 *KLF7* 与 *LPL* 和 *PPARγ* 启动子的结合。需要更多的实验,如染色质免疫沉淀(ChIP) - PCR 和电泳迁移率变动分析(EMSA)来验证这一假设。此外,KLFs 的第三个锌指结构在动物中高度保守,其结构特征与卵子样蛋白(OVOL)中的锌指结构相似,这表明本书研究的结果有助于了解 KLFs 和卵子在动物中的功能。

表 9-4　利用 JASPAR 2018 预测的鸡 *PPARγ* 和 *LPL* 启动子上的 *KLF7* 结合位点

矩阵 ID	名字	打分	相对分值	启动子	起点	终点	DNA链	预测序列
PB0039.1	KLF7_1	14.197 2	0.916 507	*LPL*	−196	−181	+	GTGACCACGCCCCGTG
PB0039.1	KLF7_1	11.674 3	0.869 02	*LPL*	−80	−65	−	ACGACCCCTCCCTCCG
PB0039.1	KLF7_1	10.591 1	0.848 633	*LPL*	−1 444	−1 429	+	ACACCCCCACCCTCTG
PB0039.1	KLF7_1	10.481 4	0.846 569	*LPL*	−1 396	−1 381	+	TGCCCCCCACCCCTGC
PB0039.1	KLF7_1	10.157 2	0.840 467	*LPL*	−1 184	−1 169	+	CTAACCACGTCCCTCA
PB0039.1	KLF7_1	9.911 96	0.835 85	*LPL*	−172	−157	−	GCCCCCACACCCATTG
PB0143.1	KLF7_2	8.186 39	0.810 266	*LPL*	−899	−883	−	GAGCAAACGCCATTCAC
PB0039.1	KLF7_1	8.548 94	0.810 196	*LPL*	−1 067	−1 052	+	TTCTCCACACCCAACC
PB0039.1	KLF7_1	8.417 42	0.807 72	*LPL*	−1 417	−1 402	+	TGCCCCCAGCCCCTCA
PB0039.1	KLF7_1	8.410 41	0.807 588	*LPL*	−238	−223	+	GCGGCCCGGCCCTCCC
PB0039.1	KLF7_1	8.391 25	0.807 228	*LPL*	−371	−356	−	CTGCCCCCGCTCTTTG
PB0039.1	KLF7_1	8.044 58	0.800 702	*LPL*	−140	−125	−	AAGTCCCCGCCAATAT
PB0143.1	KLF7_2	9.901 31	0.842 967	PPARγ	−1 126	−1 110	+	AATTAAACGGCCAAAGT
PB0143.1	*KLF7_2*	8.669 38	0.819 476	PPARγ	−1 337	−1 321	−	CAGTGACCGCCCTTCCC

9.4　结论

KLF7 的第三个锌指结构可能参与了 *KLF7* 对鸡 *LPL* 和 *PPARγ* 的转录调控,但可能与 *KLF7* 对 *C/EBPα*、*FASN* 和 *FABP4* 的转录调控无关。鸡 KLF7 的第三个锌指结构可能通过调节 *LPL* 和 *PPARγ* 的表达参与脂蛋白转运和脂肪生成的调节。KLF7 的第三个锌指结构可能是治疗鸡代谢紊乱的靶点。

参考文献

[1]CAIAZZO M, COLUCCI – D'AMATO L, ESPOSITO M T, et al. Transcription factor KLF7 regulates differentiation of neuroectodermal and mesodermal cell

lineages[J]. Experimental Cell Research, 2010, 316(14): 2365 - 2376.

[2]ZOBEL D P, ANDREASEN C H, BURGDORF K S, et al. Variation in the gene encoding Krüppel – like factor 7 influences body fat: studies of 14 818 Danes [J]. European Journal of Endocrinology, 2009, 160(4): 603 - 609.

[3]SCHUETTPELZ L, GOPALAN P, GIUSTE F, et al. Krüppel – like factor 7 suppresses hematopoietic stem and progenitor cell function[J]. Blood, 2011, 118(21): 2356.

[4]BLACKMORE M G, WANG Z M, LERCH J K, et al. Krüppel – like factor 7 engineered for transcriptional activation promotes axon regeneration in the adult corticospinal tract[J]. Proceedings of the National Academy of Sciences of United States of America, 2012, 109(19): 7517 - 7522.

[5]ZHANG Z W, WANG Z P, ZHANG K, et al. Cloning, tissue expression and polymorphisms of chicken Krüppel – like factor 7 gene[J]. Animal Science Journal, 2013, 84(7): 535 - 542.

[6]ZHANG Z W, WANG H X, SUN Y N, et al. Klf7 modulates the differentiation and proliferation of chicken preadipocyte[J]. Acta Biochimica et Biophysica Sinica, 2013, 45(4): 280 - 288.

[7]WANG L, NA W, WANG Y X, et al. Characterization of chicken PPARγ expression and its impact on adipocyte proliferation and differentiation[J]. Yi-Chuan, 2012, 34(4):454 - 464.

第 10 章　DNA 甲基化与鸡腹部脂肪组织 *KLF7* 表达水平和血液代谢参数的关系

10.1　引言

哺乳动物的研究报道显示,*KLF7* 在体外培养的神经外胚层和中胚层细胞系的分化中发挥着重要作用。基因敲除小鼠的研究表明,*KLF7* 参与神经系统的发育,没有 *KLF7* 活性的小鼠表现出了缺乏周围神经支配的发育不良的嗅球。

文献报道显示,*KLF7* 是人类肥胖、2 型糖尿病和血液疾病的关键调节因子。此外,*KLF7* 是多种癌症的癌基因,包括胃癌、肺腺癌、胶质瘤和口腔鳞状细胞癌等。此外,遗传学分析表明,*KLF7* 与人类的自我评定健康和神经发育障碍有关。综合基因组研究表明,*KLF7* 可能是调节心血管疾病的核心因子之一。

笔者先前对鸡的研究表明,低脂系肉鸡腹部脂肪组织的 *KLF7* 转录水平高于高脂系肉鸡,并且在体外 *KLF7* 促进鸡前脂肪细胞的增殖,抑制鸡前脂肪细胞的分化。此外,在鸡 *KLF7* 基因编码序列中发现的一个 SNP(c. A141G)位点可能是选择肉鸡血液极低密度脂蛋白和腹部脂肪含量的分子标记物。DNA 甲基化是一种研究得很好的表观遗传学现象。据报道,*KLF7* 中的 DNA 甲基化与人类胃癌的发生和发展有关。然而,*KLF7* 基因 DNA 甲基化对鸟类脂肪组织形成的影响还尚未有文献报道。

脂肪组织是人类和动物体内脂质储存、维持能量稳态和胰岛素敏感性的重要部位。体外研究表明,*KLF7* 的过表达可能通过抑制胰岛素分泌、胰岛素敏感性和脂肪生成等多种途径诱导 2 型糖尿病的发生。然而,脂肪组织中 *KLF7* 的 DNA 甲基化是否与它的表达,以及与 2 型糖尿病和肥胖密切相关的血液代谢指标[葡萄糖(Glu)、磷脂(PL)、总胆固醇(TC)、甘油三酯(TG)、低密度脂蛋白(LDL)和高密度脂蛋白(HDL)]有关,目前还不清楚。在本研究中,我们研究了鸡 *KLF7* 基因的甲基化与其表达和肉鸡空腹血液代谢指标的关系。该结果可能有助于进一步了解 *KLF7* 在脂肪组织中的表达和功能。

10.2　材料和方法

10.2.1　实验动物

实验动物工作按照国家科学技术委员会制定的《实验动物管理条例》进行,并经石河子大学医学院第一附属医院动物实验伦理委员会批准。本研究选用温氏食品集团股份有限公司生产的 21 只 1 日龄雄性快大型黄羽肉仔鸡为实验动物。所有的鸡都在相似的环境条件下饲养,可以自由获得饲料和水。

10.2.2　组织取样

在 2 周龄、4 周龄、6 周龄和 8 周龄时收集腹部脂肪组织。将采集的组织进行快速冷冻,并保存在液氮中,直到提取 RNA。在 4 周龄、6 周龄、8 周龄时,通过采集翅静脉外周血进行血液代谢指标测定。

10.2.3　RNA 提取

腹部脂肪组织的总 RNA 使用 TRIzol 试剂按照说明书步骤提取。

10.2.4　RT‑qPCR

用变性甲醛琼脂糖凝胶电泳检测 RNA 质量。用 Oligo（dT）引物和

ImProm – Ⅱ 反转录试剂盒进行反转录。反转录条件为25 ℃ 5 min、42 ℃ 60 min 和 70 ℃ 15 min。以鸡 β – actin 为内参基因。所用引物见表 10 – 1。每个反转录反应中加入产物的样本为 1 μL,在 20 μL 的 PCR 反应体系中进行扩增。反应混合物在 ABI Prism 7500 检测系统中孵育,程序设定 1 个循环 95 ℃ ,30 s;40 个循环的 95 ℃ 5 s 和 60 ℃ 34 s,用熔解曲线 1.0 软件分析每个 PCR 的熔解曲线,检测并消除可能的引物二聚体干扰。所有反应均重复三次。用比较 Ct 值法计算 KLF7 基因的相对表达量。

表 10 – 1　本研究中使用的引物

基因	用途	引物 (5′→3′)
β – actin	RT – qPCR	F:CCTGGCACCTAGCACAATGA
		R:CCTGCTTGCTGATCCACATC
KLF7	RT – qPCR	F:TGCCATCCTTGGAGGAGAAC
		R:AGGCATGAAGGAAGCAGTCC
KLF7	启动子区甲基化分析	F:AGGAAGAGAGTTAGTTTGTTTTTGTTGTTGTGGAG
		R:CAGTAATACGACTCACTATAGGGAGAAGGCT AAATTACCTTTTCCAAAACTAAATCC
KLF7	第二外显子区甲基化分析	F:AGGAAGAGAGTGGATTTTATTTTTTTGTTAGTGGAG
		R:CAGTAATACGACTCACTATAGGGAGAAGGCT ATTTTCTAAAAATACTTCCAATCCC

10.2.5　Sequenom MassARRAY 甲基化分析

Sequenom MassARRAY 甲基化分析由北京康普森生物技术有限公司完成。简单地说,脂肪组织的 DNA 是使用试剂盒按照说明书分离的。基因组 DNA 定量通过分光光度计进行检测,然后根据说明书,使用重亚硫酸盐处理试剂盒对 DNA 进行重亚硫酸盐处理。使用 EpiDesigner 软件设计了两套引物(表 10 – 1)。通过 Sequenom MassARRAY 甲基化分析测量单个单位的甲基化水平。

10.2.6　生物信息学分析

用 CpGPlot 6.6.0 版分析鸡 *KLF7* 和人 *KLF7* 基因组区的 CpG 密度。鸡 *KLF7* 的基因组序列取自 NCBI 和 UCSC 数据库,参考启动子序列(GenBank 登录号:JX290203)和鸡 *KLF7* 的全长编码序列(GenBank 登录号:JQ736790)。所分析的序列长度为 64 584 bp,包括预测转录起始位点上游的 3 000 bp 序列和预测的 3′UTR 下游的 100 bp 序列。利用 JASPAR 2020 分析了 DNA 序列中转录因子结合位点的模式。

10.2.7　统计分析

所有统计分析均使用 SAS 9.2 软件进行。用 Shapiro – Wilk 检验数据的正态性。通过方差分析或 Kruskal – Wallis 检验,分析各组间的差异。数据比较采用 PROC GLM 程序,采用邓肯多重检验分析组间差异,数据处理模型如下:

$$Y = \mu + F + e$$

其中,Y 是因变量,μ 是总体平均值,F 是年龄的固定效应,e 是随机误差。

将符合正态分布的数据直接应用到模型中,对不符合正态分布的数据进行排序,然后对模型进行排序。相关分析采用 Spearman 相关检验。采用非配对 t 检验分析两组间的差异。PCA 和因子分析分别采用 PROC – PRINCOMP 和 factor 程序进行。用 SAS 软件的 PROG REG 过程完成线性回归。

10.3　结果

10.3.1　鸡脂肪组织中 *KLF7* 基因的表达水平

采用 real – time PCR 技术研究了 2 周龄、4 周龄、6 周龄、8 周龄中国快大型黄羽肉仔鸡腹部脂肪组织中 *KLF7* 的表达水平。结果表明,所有被研究的腹部脂肪组织中均能够检测到 *KLF7* 的表达。*KLF7* 的表达水平数据符合正态分布

（Shapiro – Wilk 检验；$W = 0.957\ 301, P = 0.463\ 5$）。方差分析显示，*KLF*7 转录水平与年龄显著相关（$F = 6.67, P = 0.003\ 5$），在 8 周龄时，*KLF*7 的转录水平显著高于 2 周龄、4 周龄、6 周龄时 *KLF*7 的转录水平（$P < 0.05$），如图 10 – 1 所示。

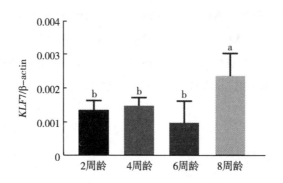

图 10 – 1　鸡腹部脂肪组织中 *KLF*7 表达模式

10.3.2　黄羽肉鸡生长发育过程中血液代谢指标的水平

用光谱法研究了 4 周龄、6 周龄、8 周龄快大型黄羽肉仔鸡血液中 Glu、PL、TC、TG、LDL 和 HDL 的水平。鸡血液代谢指标数据集特征如表 10 – 2 所示。方差分析或 Kruskal – Wallis 分析显示，4 周龄、6 周龄和 8 周龄的鸡血液中 PL、TC、LDL 和 HDL 水平无显著差异（$P > 0.05$，图 10 – 2）。6 周龄肉鸡 Glu 水平显著高于 4 周龄和 8 周龄肉鸡（$P < 0.05$，图 10 – 2），8 周龄肉鸡的血液 TG 含量显著低于 6 周龄肉鸡（$P < 0.05$，图 10 – 2）。Spearman 相关分析显示，*KLF*7 转录物与空腹 Glu 浓度呈显著负相关（$r = -0.618\ 41, P = 0.014\ 0$），与其他血液指标无显著相关性（$P > 0.05$）。

表 10 - 2　鸡血液代谢指标数据集特征

数据	样本量	Shapiro - Wilk 检验		周龄间差异分析	
PL	15	$W = 0.504\ 656$	$P < 0.000\ 1$	$H = 5.157\ 4$	$P = 0.075\ 9$
Glu	15	$W = 0.970\ 623$	$P = 0.867\ 2$	$F = 8.24$	$P = 0.005\ 6$
TG	15	$W = 0.863\ 964$	$P = 0.027\ 5$	$H = 7.349\ 0$	$P = 0.025\ 4$
TC	15	$W = 0.940\ 254$	$P = 0.385\ 6$	$F = 0.43$	$P = 0.658\ 6$
HDL	15	$W = 0.864\ 245$	$P = 0.027\ 8$	$H = 1.155\ 8$	$P = 0.561\ 1$
LDL	15	$W = 0.916\ 808$	$P = 0.172\ 2$	$F = 0.52$	$P = 0.607\ 7$

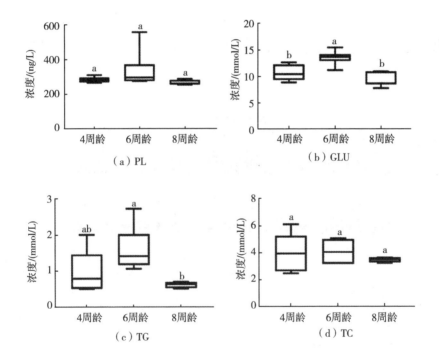

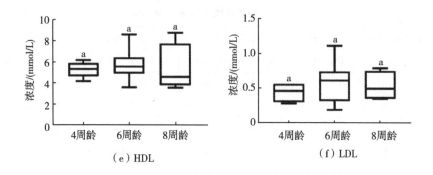

（e）HDL   （f）LDL

图 10 - 2   中国快大型黄羽肉仔鸡血液代谢指标

注:不同的小写字母表示在不同周龄间存在显著性差异(邓肯多重检验,$P < 0.05$)。

10.3.3   鸡 *KLF*7 基因 CpG 位点密度的研究

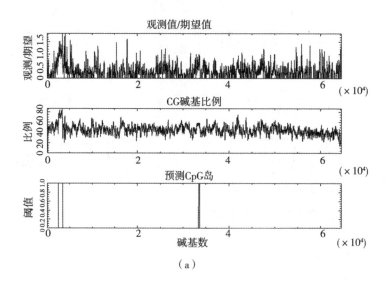

（a）

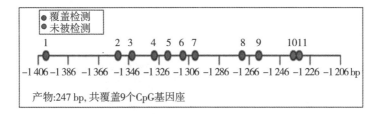

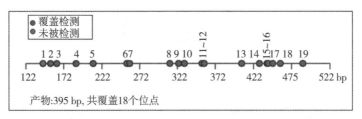

（b）

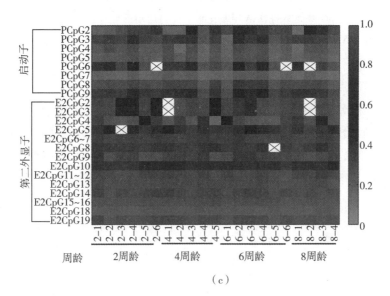

（c）

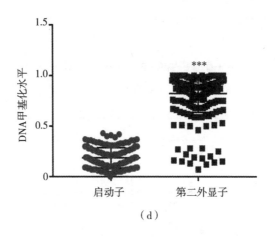

（d）

图 10 - 3　鸡脂肪组织中 *KLF*7 的 DNA 甲基化水平分析

注:(a)用 CpGPlot 6.6.0 版分析了鸡 *KLF*7 基因的 CpG 密度;

(b)在启动子和第二外显子中被研究的 CpG 基因座;

(c)CpG 基因座的 DNA 甲基化水平;(d)启动子与第二外显子的

DNA 甲基化水平比较,星号表示启动子区和第二外显子之间的

甲基化水平存在显著差异(t 检验,*** $P < 0.001$)。

CpG 密度分析表明,鸡 *KLF*7 基因存在两个 CpG 岛。其中一个 CpG 岛位于 *KLF*7 翻译起始位点上游,序列间隔为 -1 156 bp 至 -164 bp,长度约为 993 bp,位于启动子中,另一个位于第二外显子中。第二外显子第一个核苷酸后的序列间隔为 254 bp 到 523 bp,长度约为 270 bp,如图 10 -3(a)所示。

10.3.4　鸡腹部脂肪组织中 *KLF*7 基因 DNA 甲基化的研究

表 10 – 3　在腹部脂肪组织中鸡 *KLF*7 检测 CpG 位点 DNA 甲基化的数据集特征

数据	样本量	Shapiro – Wilk 检验		周龄间差异分析	
PCpG2	21	$W = 0.963\,142$	$P = 0.581\,5$	$F = 0.74$	$P = 0.540\,5$
PCpG3	21	$W = 0.940\,649$	$P = 0.224\,4$	$F = 0.10$	$P = 0.956\,6$
PCpG4	21	$W = 0.935\,328$	$P = 0.176\,0$	$F = 0.42$	$P = 0.741\,8$
PCpG5	21	$W = 0.953\,07$	$P = 0.388\,8$	$F = 0.35$	$P = 0.787\,4$
PCpG6	18	$W = 0.944\,124$	$P = 0.340\,4$	$F = 0.22$	$P = 0.877\,6$
PCpG7	21	$W = 0.964\,36$	$P = 0.607\,9$	$F = 0.49$	$P = 0.690\,6$
PCpG8	21	$W = 0.964\,176$	$P = 0.603\,9$	$F = 0.34$	$P = 0.796\,5$
PCpG9	21	$W = 0.977\,153$	$P = 0.879\,5$	$F = 0.07$	$P = 0.975\,3$
E2CpG2	19	$W = 0.792\,999$	$P = 0.000\,9$	$H = 3.473\,7$	$P = 0.324\,2$
E2CpG3	19	$W = 0.792\,999$	$P = 0.000\,9$	$H = 3.473\,7$	$P = 0.324\,2$
E2CpG4	21	$W = 0.803\,609$	$P = 0.000\,7$	$H = 5.574\,6$	$P = 0.134\,2$
E2CpG5	20	$W = 0.937\,047$	$P = 0.210\,7$	$F = 0.19$	$P = 0.905\,0$
E2CpG6 ~ 7	21	$W = 0.947\,677$	$P = 0.307\,7$	$F = 0.17$	$P = 0.912\,1$
E2CpG8	20	$W = 0.943\,714$	$P = 0.281\,5$	$F = 0.31$	$P = 0.819\,0$
E2CpG9	21	$W = 0.948\,257$	$P = 0.315\,6$	$F = 0.61$	$P = 0.619\,2$
E2CpG10	21	$W = 0.930\,46$	$P = 0.140\,6$	$F = 1.38$	$P = 0.283\,6$
E2CpG11 ~ 12	21	$W = 0.921\,137$	$P = 0.091\,4$	$F = 2.82$	$P = 0.070\,3$
E2CpG13	21	$W = 0.921\,203$	$P = 0.091\,7$	$F = 0.42$	$P = 0.741\,9$
E2CpG14	21	$W = 0.969\,337$	$P = 0.718\,3$	$F = 0.23$	$P = 0.876\,1$
E2CpG15 ~ 16	21	$W = 0.961\,392$	$P = 0.544\,6$	$F = 0.98$	$P = 0.423\,4$
E2CpG18	21	$W = 0.852\,523$	$P = 0.004\,7$	$H = 2.790\,0$	$P = 0.425\,2$
E2CpG19	21	$W = 0.969\,337$	$P = 0.718\,3$	$F = 0.23$	$P = 0.876\,1$

采用 Sequenom MassARRAY 方法研究了鸡腹部脂肪组织 *KLF7* 基因富含 CpG 序列的 DNA 甲基化。在启动子区域，我们研究了翻译起始位点上游 −1 452 bp 到 −1 206 bp 序列区间内 9 个 CpG 基因座的 DNA 甲基化水平，如图 10−3(b)所示，获得了 8 个有效的数据集，如图 10−3(c)所示。获得的数据呈正态分布($P > 0.05$)，如表 10−3 所示。方差分析发现，8 个位点的 DNA 甲基化水平在 2 周龄、4 周龄、6 周龄、8 周龄间不存在显著性差异($P > 0.05$)。

我们研究了第二外显子 CpG 岛上的所有 CpG 基因座，将高度结合的 CpG 基因座视为一个单基因座，共获得 17 个 CpG 基因座的 14 个有效数据集，如图 10−3(c)所示。并非所有数据集都呈正态分布，如表 10−3 所示。方差分析和 Kruskal−Wallis 分析表明，基因座甲基化水平与周龄无显著性差异($P > 0.05$)。然而，启动子中的 DNA 甲基化水平显著低于第二外显子($T = 40.74, P < 0.001$)，如图 10−3(d)所示。

序列分析表明，虽然在鸡和人 *KLF7* 的启动子中都可以检测到 CpG 岛，但它们之间的 DNA 序列相似性很低。在人 *KLF7* 启动子中未发现 CpG 位点同源位点。然而，鸡和人 *KLF7* 的第二外显子的 DNA 序列相似性很高，鸡和人之间的 E2CpG1、E2CpG4、E2CpG7、E2CpG9 和 E2CpG16 的基因座是保守的。

10.3.5　DNA 甲基化与 *KLF7* 转录水平和血液代谢指标的关系

用 Spearman 相关分析法研究了每个位点的 DNA 甲基化与 *KLF7* 转录水平的统计学关系。结果显示，PCpG6 的 DNA 的甲基化水平与 *KLF7* 转录水平显著相关($r = -0.530\ 99, P = 0.023\ 4$)。然而，其他位点的 DNA 甲基化与 *KLF7* 的表达没有显著的相关性($P > 0.05$，图 10−4)。

此外，E2CpG9 的 DNA 甲基化与空腹血糖水平($r = -0.517\ 06, P = 0.048\ 4$)和高密度脂蛋白(HDL)显著相关($r = -0.593\ 73, P = 0.019\ 6$)。其他位点的 DNA 甲基化与血液代谢指标之间无显著相关性($P > 0.05$，图 10−4)。

PCPG6 DNA 甲基化和 *KLF7* 转录水平数据均呈正态分布(Shapiro−Wilk 检验，$P > 0.05$)，采用广义线性回归模型研究 PCpG6 甲基化与 *KLF7* 转录之间的回归关系。建立的回归方程为：Y(*KLF7* 转录水平) $= 0.002\ 29 - 0.003\ 51 \times$ PCpG6 的 DNA 甲基化，其具有统计学意义($F = 6.80, P = 0.019\ 0, R2 =$

0.254 5;图 10 − 4)。

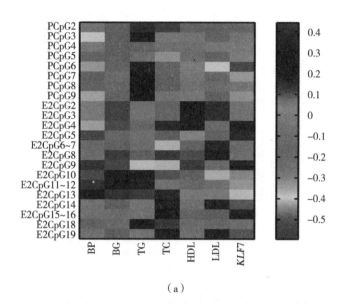

（a）

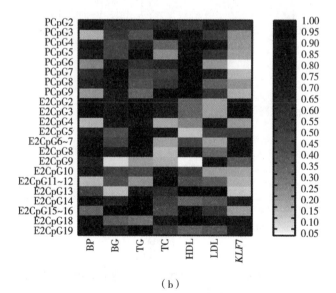

（b）

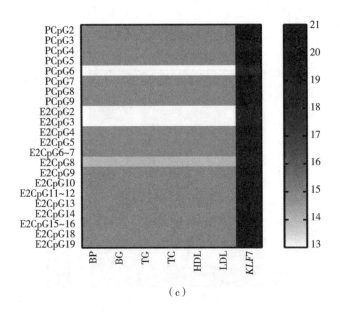

（c）

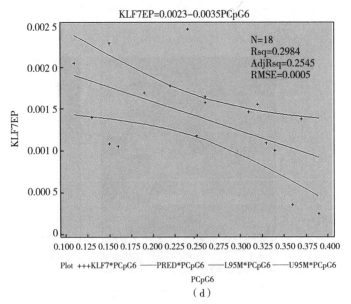

（d）

图 10 - 4　DNA 甲基化与 *KLF*7 转录水平和血液代谢指标的相关性分析

注:(a)Spearman 相关分析的 *r* 值;(b) Spearman 相关分析的 *P* 值;

　　（c）Spearman 相关分析中使用的样本数;

　（d）鸡脂肪组织 PCpG6 和 *KLF*7 转录本 DNA 甲基化的回归分析。

10.3.6　不同 CpG 基因座间 DNA 甲基化的相关性研究

用 Spearman 相关分析法分析不同 CpG 基因座甲基化的相关性。结果表明,多个 CpG 基因座间存在显著相关性($P < 0.05$)。PCpG3 – PCpG9 的甲基化水平呈正相关,PCpG2 – PCpG8 的甲基化水平呈正相关。另外,PCpG4、PCpG5和 PCpG8 的甲基化水平与 E2CpG4 的甲基化水平呈显著相关($P < 0.05$)。此外,E2CpG2 和 E2CpG14 上的甲基化数据分别与 E2CpG3 和 E2CpG19 相同($r = 1,P < 0.000\ 1$)。E2CpG2、E2CpG3 和 E2CpG4 上的甲基化数据与 E2CpG11 ~ 12 呈负相关,E2CpG4 上的甲基化数据与 E2CpG18 的甲基化数据呈负相关,E2CpG5 上的甲基化数据与 E2CpG9 的甲基化数据呈正相关,E2CpG8 上的甲基化数据与 E2CpG13 的甲基化数据呈正相关,如表 10 – 4 ~ 10 – 6 所示。

表 10-4 鸡 *KLF7* 基因 CpG 基因座甲基化水平相关矩阵(1)

	E2CpG2	E2CpG3	E2CpG4	E2CpG5	E2CpG 6~7	E2CpG8	E2CpG9	E2CpG10	E2CpG 11~12	E2CpG13	E2CpG14
E2CpG3	1.0000[a] <0.0001[b] 19[c]										
E2CpG4	0.2938 0.2221 19	0.2938 0.2221 19									
E2CpG5	0.0197 0.9380 18	0.0197 0.9380 18	0.0859 0.7187 20								
E2CpG6~7	0.2824 0.2414 19	0.2824 0.2414 19	-0.3787 0.0905 21	-0.0197 0.9342 20							
E2CpG8	0.0366 0.8854 18	0.0366 0.8854 18	0.2197 0.3520 20	0.2710 0.2618 19	0.2730 0.2442 20						

续表

	E2CpG2	E2CpG3	E2CpG4	E2CpG5	E2CpG 6~7	E2CpG8	E2CpG9	E2CpG10	E2CpG 11~12	E2CpG13	E2CpG14
E2CpG9	−0.1636	−0.1636	−0.0599	0.4711	0.3857	0.1230					
	0.5034	0.5034	0.7964	0.0360	0.0842	0.6054					
	19	19	21	20	21	20					
E2CpG10	−0.3801	−0.3801	−0.4156	−0.0442	−0.0668	−0.0898	−0.1541				
	0.1084	0.1084	0.0610	0.8532	0.7734	0.7065	0.5050				
	19	19	21	20	21	20	21				
E2CpG 11~12	−0.4571	−0.4571	−0.6615	0.2613	0.0946	0.2131	0.1588	0.4974			
	0.0491	0.0491	0.0011	0.2659	0.6834	0.3671	0.4918	0.0218			
	19	19	21	20	21	20	21	21			
E2CpG13	0.1260	0.1260	0.1022	0.0637	0.2334	0.7436	0.2532	−0.0261	0.3612		
	0.6072	0.6072	0.6595	0.7896	0.3087	0.0002	0.2680	0.9106	0.1077		
	19	19	21	20	21	20	21	21	21		
E2CpG14	0.3611	0.3611	0.0749	0.3268	0.3277	0.4237	0.3537	0.1157	0.1184	0.3634	
	0.1288	0.1288	0.7469	0.1597	0.1470	0.0627	0.1158	0.6175	0.6092	0.1054	
	19	19	21	20	21	20	21	21	21	21	

续表

	E2CpG2	E2CpG3	E2CpG4	E2CpG5	E2CpG 6~7	E2CpG8	E2CpG9	E2CpG10	E2CpG 11~12	E2CpG13	E2CpG14
E2CpG 15~16	0.0687	0.0687	0.4151	0.2157	0.0786	0.3225	0.3674	0.1090	-0.0307	0.3456	0.3779
	0.7800	0.7800	0.0613	0.3611	0.7348	0.1655	0.1013	0.6380	0.8950	0.1249	0.0912
	19	19	21	20	21	20	21	21	21	21	21
E2CpG18	-0.3398	-0.3398	-0.4726	0.0556	0.2350	-0.0527	-0.0214	0.1926	0.2877	-0.3586	-0.1449
	0.1546	0.1546	0.0305	0.8160	0.3052	0.8255	0.9265	0.4030	0.2060	0.1104	0.5310
	19	19	21	20	21	20	21	21	21	21	21
E2CpG19	0.3611	0.3611	0.0749	0.3268	0.3277	0.4237	0.3537	0.1157	0.1184	0.3634	1.0000
	0.1288	0.1288	0.7469	0.1597	0.1470	0.0627	0.1158	0.6175	0.6092	0.1054	<.0001
	19	19	21	20	21	20	21	21	21	21	21
PCpG2	-0.3467	-0.3467	-0.2836	0.3315	-0.1760	0.0369	0.1558	0.1069	0.2605	-0.0689	-0.0848
	0.1459	0.1459	0.2129	0.1534	0.4454	0.8774	0.5002	0.6447	0.2542	0.7667	0.7149
	19	19	21	20	21	20	21	21	21	21	21
PCpG3	-0.2517	-0.2517	-0.3798	-0.1509	0.2249	-0.0830	-0.1594	0.2155	0.1652	-0.2025	-0.0603
	0.2987	0.2987	0.0895	0.5254	0.3271	0.7281	0.4900	0.3481	0.4742	0.3786	0.7953
	19	19	21	20	21	20	21	21	21	21	21

续表

	E2CpG2	E2CpG3	E2CpG4	E2CpG5	E2CpG 6~7	E2CpG8	E2CpG9	E2CpG10	E2CpG 11~12	E2CpG13	E2CpG14
PCpG4	-0.4287	-0.4287	-0.4807	-0.2412	-0.0719	-0.3458	-0.0344	0.4087	0.1869	-0.2648	-0.0884
	0.0670	0.0670	0.0274	0.3056	0.7566	0.1353	0.8825	0.0658	0.4172	0.2460	0.7032
	19	19	21	20	21	20	21	21	21	21	21
PCpG5	-0.4217	-0.4217	-0.6114	-0.2451	0.1056	-0.3069	-0.1065	0.3589	0.2236	-0.3098	-0.2323
	0.0722	0.0722	0.0032	0.2977	0.6488	0.1882	0.6460	0.1101	0.3300	0.1717	0.3108
	19	19	21	20	21	20	21	21	21	21	21
PCpG6	-0.3245	-0.3245	-0.2233	-0.2761	0.0764	-0.1193	-0.2020	0.4222	0.1364	-0.0861	-0.1235
	0.2038	0.2038	0.3732	0.2833	0.7633	0.6482	0.4216	0.0809	0.5895	0.7341	0.6254
	17	17	18	17	18	17	18	18	18	18	18
PCpG7	-0.3755	-0.3755	-0.5032	-0.2610	0.0416	-0.2866	-0.2846	0.3672	0.1833	-0.3242	-0.4005
	0.1131	0.1131	0.0201	0.2663	0.8578	0.2206	0.2111	0.1015	0.4264	0.1516	0.0720
	19	19	21	20	21	20	21	21	21	21	21
PCpG8	-0.3497	-0.3497	-0.5527	-0.0989	0.1695	-0.1919	-0.0984	0.2266	0.3144	-0.2547	-0.2960
	0.1422	0.1422	0.0094	0.6783	0.4626	0.4177	0.6714	0.3234	0.1652	0.2651	0.1926
	19	19	21	20	21	20	21	21	21	21	21
PCpG9	-0.2245	-0.2245	-0.4057	-0.1304	0.2498	-0.0412	-0.1825	0.2054	0.1496	-0.1909	-0.1361

续表

	E2CpG2	E2CpG3	E2CpG4	E2CpG5	E2CpG6~7	E2CpG8	E2CpG9	E2CpG10	E2CpG11~12	E2CpG13	E2CpG14
	0.3555	0.3555	0.0681	0.5838	0.2749	0.8632	0.4285	0.3719	0.5175	0.4072	0.5565
	19	19	21	20	21	20	21	21	21	21	21

表 10-5　鸡 *KLF7* 基因 CpG 基因座甲基化水平相关矩阵(2)

	E2CpG14	E2CpG15~16	E2CpG18	E2CpG19	PCpG2	PCpG3	PCpG4	PCpG5	PCpG6	PCpG7	PCpG8
E2CpG15~16	0.3779										
	0.0912										
	21										
E2CpG18	-0.1449	-0.0417									
	0.5310	0.8577									
	21	21									
E2CpG19	0.3779	-0.1449	1.0000								
	0.0912	0.5310	<.0001								
	21	21	21								

续表

	E2CpG14	E2CpG15~16	E2CpG18	E2CpG19	PCpG2	PCpG3	PCpG4	PCpG5	PCpG6	PCpG7	PCpG8
PCpG2	-0.0848	-0.2857	0.1994	-0.0848							
	0.7149	0.2094	0.3863	0.7149							
	21	21	21	21							
PCpG3	-0.0603	-0.1634	0.5540	-0.0603	0.3050						
	0.7953	0.4792	0.0092	0.7953	0.1788						
	21	21	21	21	21						
PCpG4	-0.0884	-0.2127	0.2790	-0.0884	0.4169	0.6760					
	0.7032	0.3547	0.2207	0.7032	0.0601	0.0008					
	21	21	21	21	21	21					
PCpG5	-0.2323	-0.3160	0.4481	-0.2323	0.4101	0.7998	0.8982				
	0.3108	0.1628	0.0417	0.3108	0.0648	$<.0001$	$<.0001$				
	21	21	21	21	21	21	21				
PCpG6	-0.1235	-0.0142	0.3876	-0.1235	0.1251	0.9250	0.6821	0.7313			
	0.6254	0.9555	0.1120	0.6254	0.6208	$<.0001$	0.0018	0.0006			
	18	18	18	18	18	18	18	18			

表 10-6 鸡 *KLF7* 基因 CpG 基因座甲基化水平相关矩阵（3）

	E2CpG14	E2CpG 15～16	E2CpG18	E2CpG19	PCpG2	PCpG3	PCpG4	PCpG5	PCpG6	PCpG7	PCpG8
PCpG7	-0.4005	-0.1929	0.5588	-0.4005	0.3459	0.7831	0.7776	0.8794	0.8090		
	0.0720	0.4022	0.0085	0.0720	0.1245	<.0001	<.0001	<.0001	<.0001		
	21	21	21	21	21	21	21	21	18		
PCpG8	-0.2960	-0.3326	0.5817	-0.2960	0.4773	0.8641	0.6400	0.8551	0.6924	0.7911	
	0.1926	0.1407	0.0057	0.1926	0.0287	<.0001	0.0018	<.0001	0.0015	<.0001	
	21	21	21	21	21	21	21	21	18	21	
PCpG9	-0.1361	-0.2181	0.5731	-0.1361	0.3592	0.9684	0.6016	0.7965	0.8591	0.7927	0.9092
	0.5565	0.3422	0.0066	0.5565	0.1098	<.0001	0.0039	<.0001	<.0001	<.0001	<.0001
	21	21	21	21	21	21	21	21	18	21	21

注：a、b 和 c 分别代表 r 值、P 值和 Spearman 相关分析的样本数。

10.3.7　甲基化数据的主成分分析

为了避免不同基因座之间相互作用对单个 CpG 基因座与 *KLF7* 转录水平之间的相关性的干扰,我们对获得的所有 CpG 基因座的甲基化数据都进行了主成分分析(PCA)。从这 22 个甲基化数据中提取了 14 个有效主成分($z1 \sim z14$),如表 10 - 7 所示。

表 10 - 7　甲基化数据的主成分分析

	特征值	差异值	比例	累计
z1	8.58397411	4.89652080	0.3902	0.3902
z2	3.68745330	1.31306607	0.1676	0.5578
z3	2.37438723	0.54826523	0.1079	0.6657
z4	1.82612200	0.30800856	0.0830	0.7487
z5	1.51811344	0.34269849	0.0690	0.8177
z6	1.17541496	0.21863636	0.0534	0.8711
z7	0.95677860	0.22254876	0.0435	0.9146
z8	0.73422984	0.26289337	0.0334	0.9480
z9	0.47133647	0.24226708	0.0214	0.9694
z10	0.22906939	0.03795582	0.0104	0.9798
z11	0.19111357	0.03848379	0.0087	0.9885
z12	0.15262978	0.07853660	0.0069	0.9954
z13	0.07409317	0.04880904	0.0034	0.9988
z14	0.02528414	0.02528414	0.0011	1.0000

10.3.8　新变量 $z1 \sim z6$ 的因子分析

通过因子提取(特征值 > 1),从 14 个有效主成分中提取出 6 个主成分($z1 \sim z6$)。6 个新变量($z1 \sim z6$)的总方差贡献率超过总数据的 85%。对 PCA

获得的新变量($z1 \sim z6$)进行因子分析,并命名为因子 $1 \sim 6$。结果表明,因子 $1 \sim 6$($z1 \sim z6$)对每个 CpG 位点的负荷差异较大。因子 1 对启动子的大多数位点有正负荷,对第二外显子的大多数位点有负负荷,在 PCpG3 $\sim$ PCpG9 和 E2CpG4 基因座上有较高的负荷。因子 2 在第二外显子的几个位点上有很高的负荷,包括 E2CpG6 $\sim$ 7、E2CpG8、E2CpG9、E2CpG13、E2CpG14、E2CpG15 $\sim$ 16 和 E2CpG19。因子 3 在 E2CpG2、E2CpG3 和 E2CpG11 $\sim$ 12 上具有高负荷。因子 4 在 E2CpG5 上有很高的负载。因子 5 对 PCpG2 有较高的负荷,如表 10 - 8 所示。因子 6 对任何位点均无明显高负荷。

表 10 - 8   甲基化数据的因子分析(因子按 MinEigen 标准保留)

	因子 1	因子 2	因子 3	因子 4	因子 5	因子 6
PCpG5	0.92834	0.11879	0.17878	0.10131	0.22061	0.03886
PCpG7	0.91141	0.03225	0.32208	− 0.00031	− 0.06598	− 0.02675
PCpG8	0.89855	0.10258	0.13508	− 0.08460	0.17272	0.23556
PCpG9	0.85571	0.22213	0.33021	− 0.12622	0.12066	0.20036
PCpG3	0.84517	0.23869	0.31027	− 0.08282	0.12230	0.11663
PCpG4	0.75354	0.08572	0.05237	0.29781	0.31393	− 0.32154
PCpG6	0.73199	0.26981	0.49523	− 0.02023	− 0.07731	− 0.09970
E2CpG10	0.59539	0.24021	0.03243	0.30738	− 0.48003	− 0.34490
E2CpG15 ~ 16	− 0.57427	0.52467	0.34678	0.08436	− 0.28139	− 0.29456
E2CpG4	− 0.84494	− 0.17986	0.16464	− 0.09869	0.26624	− 0.11090
E2CpG14	− 0.34301	0.80962	0.00112	0.42052	0.04567	− 0.13228
E2CpG19	− 0.34301	0.80962	0.00112	0.42052	0.04567	− 0.13228
E2CpG13	− 0.29532	0.69629	− 0.05477	− 0.48668	0.35375	− 0.13615
E2CpG6 ~ 7	− 0.02327	0.65169	0.04899	− 0.31275	− 0.19246	0.49352
E2CpG9	− 0.24675	0.63233	− 0.42568	0.25199	0.12345	0.40308
E2CpG8	− 0.31118	0.58151	− 0.04129	− 0.54707	0.14842	− 0.16275
E2CpG2	− 0.59702	0.02401	0.71111	0.06984	− 0.00995	0.14808
E2CpG3	− 0.59702	0.02401	0.71111	0.06984	− 0.00995	0.14808
E2CpG11 ~ 12	0.52934	0.34446	− 0.53169	− 0.32012	− 0.10485	− 0.14235

续表

	因子1	因子2	因子3	因子4	因子5	因子6
E2CpG5	− 0.27250	0.03287	− 0.16176	0.57029	0.08492	0.39362
PCpG2	0.50184	− 0.02296	− 0.21338	0.31024	0.57542	− 0.06843
E2CpG18	0.57945	0.17351	− 0.25425	0.02533	− 0.60630	0.15100

　　因子用 quartimax 法进行旋转,结果显示因子 1 主要对启动子中的基因座负荷较高,因子 2 ~ 因子 6 对第二外显子的位点负荷较高,如表 10 − 9 所示。

表 10 − 9　甲基化数据的因子分析(quartimax 旋转因子模式)

	因子1	因子2	因子3	因子4	因子5	因子6
PCpG9	0.96036	− 0.02374	− 0.08436	0.07716	0.11869	− 0.10607
PCpG5	0.94787	− 0.16833	− 0.03008	− 0.08018	− 0.16020	− 0.09249
PCpG3	0.94185	− 0.04449	− 0.04795	0.08003	0.05205	− 0.05010
PCpG7	0.92477	− 0.08229	− 0.20002	− 0.11142	− 0.00909	0.16138
PCpG8	0.90745	− 0.19428	− 0.12816	− 0.02476	0.05945	− 0.21645
PCpG6	0.87870	0.11854	− 0.02292	0.07802	0.02889	0.27673
PCpG4	0.72331	− 0.22681	0.08899	− 0.08498	− 0.52419	0.06339
E2CpG4	− 0.71389	0.49487	− 0.04194	0.22560	− 0.20288	− 0.13401
E2CpG2	− 0.24561	0.89519	0.09107	0.03695	0.12860	0.04127
E2CpG3	− 0.24561	0.89519	0.09107	0.03695	0.12860	0.04127
E2CpG18	0.40771	− 0.51341	0.03221	− 0.25990	0.47540	0.31167
E2CpG11 ~ 12	0.32049	− 0.76497	0.02842	0.31551	0.13195	0.09815
E2CpG14	− 0.10283	0.12752	0.92871	0.21458	− 0.03918	0.18065
E2CpG19	− 0.10283	0.12752	0.92871	0.21458	− 0.03918	0.18065
E2CpG9	− 0.16828	− 0.22207	0.77846	0.07591	0.26525	− 0.35127
E2CpG5	− 0.23208	0.08102	0.46715	− 0.45566	0.02841	− 0.31904
E2CpG13	− 0.10304	0.00649	0.33738	0.90219	0.04859	− 0.12158
E2CpG8	− 0.16643	− 0.00372	0.19605	0.83363	0.15129	0.02258
E2CpG6 ~ 7	0.16568	0.02996	0.34104	0.36178	0.71717	− 0.12719

续表

	因子 1	因子 2	因子 3	因子 4	因子 5	因子 6
PCpG2	0.42708	− 0.29521	0.13624	− 0.12019	− 0.54346	− 0.36336
E2CpG10	0.52357	− 0.28669	0.17966	− 0.23173	− 0.00468	0.64404
E2CpG15 ~ 16	− 0.30850	0.44691	0.47334	0.30862	0.11909	0.51961

10.3.9 $z1 \sim z6$ 与 $KLF7$ 表达及血液代谢指标的相关性及回归分析

Spearman 相关分析表明，新变量 $z1$ 与 $KLF7$ 转录水平呈负相关（$r = -0.624\ 39$，$P = 0.012\ 8$），而新变量 $z2 \sim z6$ 与 $KLF7$ 转录水平无显著相关性（$P > 0.05$）。$z1 \sim z6$ 与血液代谢指标之间没有显著相关性，但 $z6$ 与血液中的 TC 水平显著相关，如图 10 − 5(a)所示。

$z1$ 和 $KLF7$ 的表达数据均呈正态分布（Shapiro − Wilk 检验，$P > 0.05$），利用广义线性回归模型研究了 $z1$ 和 KLF 的表达水平之间的回归关系。结果表明，建立的回归方程具有统计学意义（$F = 8.31$，$P = 0.0128$，$R2 = 0.342\ 9$），回归方程为 Y（$KLF7$ 转录水平）= 0.001 39 − 0.000 131 44 × $z1$，如图 10 − 5(b)所示。

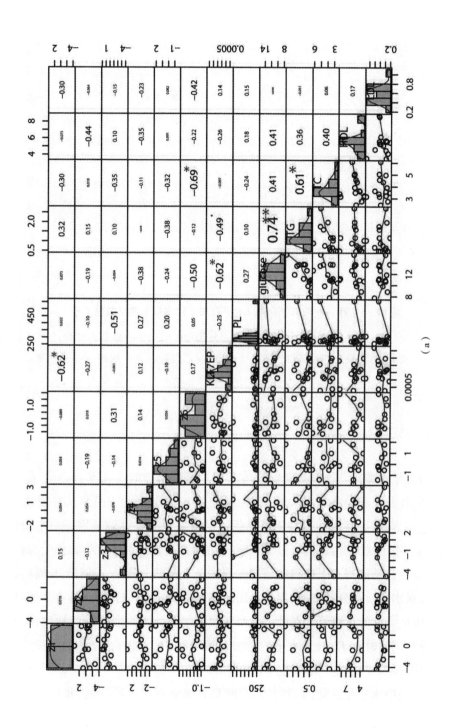

（a）

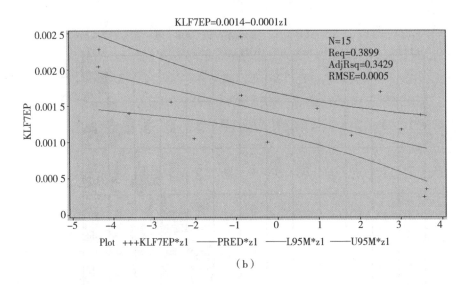

图 10-5　z1~z6 与 *KLF7* 转录水平及血液代谢指标的相关性分析

注：(a)z1~z6 与 *KLF7* 转录水平和血液代谢指标的 Spearman 相关分析；

(b)z1 和 *KLF7* 转录水平的回归分析。KLF7EP，腹部脂肪组织中 *KLF7* 的表达水平。

10.4　讨论

KLF7 是人类和动物中高度保守的基因。哺乳动物的研究报告显示，*KLF7* 调节神经外胚层和中胚层的发育，并在肥胖、2 型糖尿病和血液疾病中发挥作用。我们之前的研究表明，*KLF7* 是鸡脂肪组织发育的重要调节因子。本研究结果显示，中国快大型黄羽肉仔鸡脂肪组织的 *KLF7* 转录水平与年龄相关，这与我们之前在白羽肉鸡身上获得的研究结果一致。虽然 2 周龄、4 周龄、6 周龄的 *KLF7* 转录水平没有显著差异，但在 6 周龄有下降的趋势。*KLF7* 表达在 2 周龄、4 周龄和 6 周龄的下降可能是由于 *KLF7* 在早期脂肪组织形成中的抑制作用。此外，在 8 周龄时 *KLF7* 转录水平的增加表明鸡 *KLF7* 可能在成熟脂肪组织中也发挥作用，类似于其在人脂肪细胞中的作用。

鸡的血糖水平是变化的，并且与高胰岛素血症有关。在这里，我们的结果显示鸡 *KLF7* 转录水平与空腹血糖水平相关，这与我们之前在白羽肉仔鸡中报

道的鸡 *KLF7* 参与调节脂肪生成和血液代谢指标一致,从非啮齿类动物模型的角度为 *KLF7* 在代谢综合征中的作用提供了补充证据。

此外,先前的研究表明,低空腹血糖(LG)的鸡比高空腹血糖(HG)的同类鸡更胖。*KLF7* 的表达与鸡的空腹血糖和腹部脂肪含量呈负相关,表明 *KLF7* 表达水平、血糖和肥胖之间可能存在反馈调节,如图 10 - 6 所示。

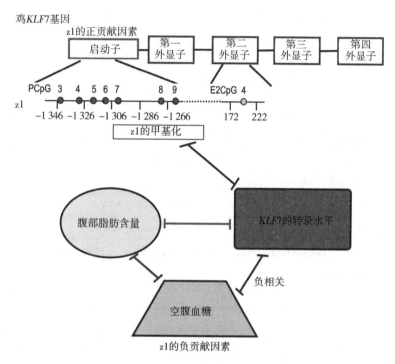

图 10 - 6　DNA 甲基化、*KLF7* 转录水平、空腹血糖与腹部脂肪含量关系的示意图

DNA 甲基化对动物基因表达和功能的调节非常重要。以往对人类的研究表明,*KLF7* 的 DNA 甲基化与胃癌的发生和发展有关,但目前还没有关于 *KLF7* 在脂肪组织和鸟类中甲基化的报道。序列分析表明,鸡 *KLF7* 与人 *KLF7* 具有相似的 CpG 序列分布,提示鸡 *KLF7* 可能也受 DNA 甲基化的调控。

采用 Sequenom MassARRAY 方法研究了鸡 *KLF7* 基因启动子和第二外显子的 DNA 甲基化,共获得 22 个有效数据集。结果显示,鸡 *KLF7* 启动子的 DNA 甲基化水平低于第二外显子。这可能是因为 *KLF7* 是脂肪形成过程中连续表达的基因。因此,鸡 *KLF7* 的启动子不会被脂肪组织中的 DNA 甲基化等长期机制所强烈沉默。

此外,在 2 周龄、4 周龄、6 周龄、8 周龄之间,所检测到的 CpG 位点的甲基化水平无显著差异,说明 DNA 甲基化可能不是发育过程中调节 *KLF7* 表达的主要方式。关联分析表明,鸡腹部脂肪组织中,只有 PCpG6 的甲基化与 *KLF7* 转录本显著相关,PCpG6 对 *KLF7* 转录本变异的贡献为 0.254 5。序列分析表明,PCpG6 基因座上存在转录因子的多个结合位点,包括 TFAP2C 和 TFAP2A,如表 10 - 10 所示,PCpG6 的 DNA 甲基化与 *KLF7* 转录的负相关可能是由转录因子介导的。然而,还需要进一步的调查来验证这一假设。

表 10 - 10　鸡 *KLF7* 启动子 CpG 位点转录因子结合位点的预测

(用 JASPAR 2020 分析,搜索图谱 = ChIP seq,相对图谱得分阈值 = 0.8)

位点	转录因子结合位点
PCpG2	TCF3,TCF12,ZEB1,ELF1, ZBTB7A,FLI1,Gabpa
PCpG3	ZFP57,NFYB,KLF5,KLF15,SP1,SP2,HAP1,NFYC,NFYA
PCpG4	MAFK,Myc,RBPJ,FOXP1,FOXK1,FOXP2,Prdm15,FOXK2
PCpG5	FOXP1,FOXK1,FOXP2,Prdm15,FOXK2,Bhlhe40,Myc,HIF1A,TFAP2C,TFAP2A,ZBTB14,NRF1
PCpG6	TFAP2C,TFAP2A,ZBTB14,NRF1,
PCpG7	Zfx,TFAP2A,Tcfcp2l1
PCpG8	NRF1,TFAP2C,TFAP2A,Zfx,Tcfcp2l1
PCpG9	—

我们先前的研究表明,*KLF7* 编码序列中的一个 SNP(c. A141G)与肉鸡血液极低密度脂蛋白水平和腹部脂肪含量有关,并且鸡 *KLF7* 调节 *LPL* 的启动子活性。本研究结果表明,E2CpG9 甲基化与血液高密度脂蛋白水平显著相关,提示 *KLF7* 可能参与了鸡的脂肪转运。此外,鸡和人 *KLF7* 之间的 E2CpG9 是保守的,如图 10 - 7 所示。这一结果可能为 *KLF7* 在人类中的功能提供线索。

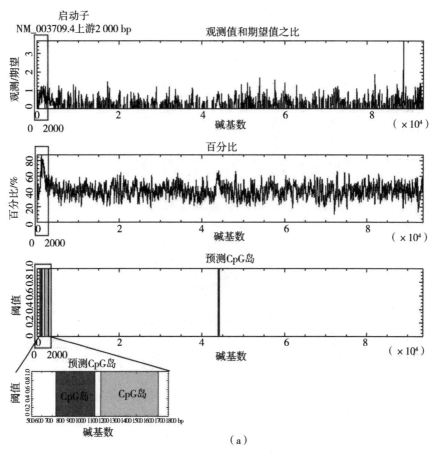

（a）

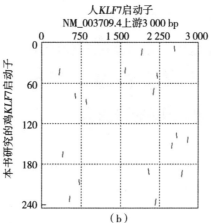

（b）

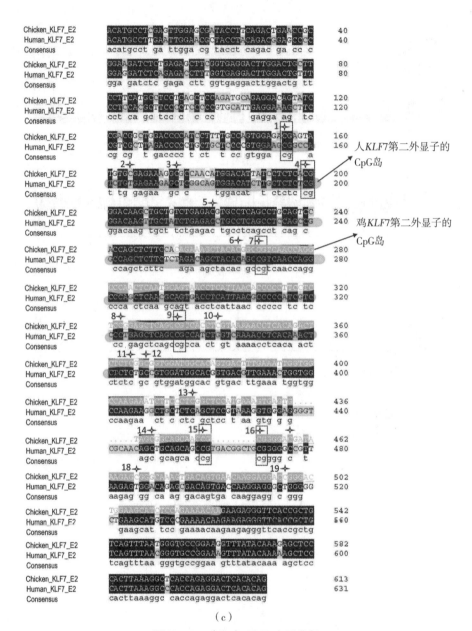

（c）

图 10 - 7　鸡和人 *KLF*7 序列分析

注：（a）用 CpGplot（6.6.0 版）分析人 *KLF*7 基因组区的 CpG 密度；
（b）鸡 *KLF*7 启动子与人 *KLF*7 启动子 DNA 甲基化序列（NM_003709.4 上游 3 000 bp）的
点图分析；（c）鸡与人 *KLF*7 第二外显子的序列比对。

为了避免不同基因座间的相互作用对了解 DNA 甲基化与 *KLF7* 转录之间的关系的影响,本书的研究对甲基化数据进行主成分分析。从这 22 个甲基化数据中提取了 14 个有效主成分($z1 \sim z14$)。从 14 个主成分中提取出 6 个主成分($z1 \sim z6$),分别命名为因子 1 - 6。

因子分析显示,因子 1 在 PCpG3 ~ PCpG9 和 E2CpG4 基因座上的负荷较高,说明因子 1($z1$)主要代表启动子中 DNA 甲基化的作用。因子 2 ~ 6 在第二外显子和 PCpG2 中具有不同负荷。因此,因子 2 ~ 6 可能代表了第二外显子中 DNA 甲基化的影响,它们之间存在很大的差异。

相关分析表明,新变量 $z1$ 与 *KLF7* 转录水平呈负相关,而 $z2 \sim z6$ 与 *KLF7* 转录水平无显著相关性。此外,我们还研究了 $z1$ 和 *KLF7* 转录水平之间的回归关系,$z1$ 对 *KLF7* 转录水平变异的贡献为 0.342 9,大于单基因座 PCpG6 的贡献。另外,斜率与截距的比率约为 9.5%,说明因子 1($z1$)对 *KLF7* 转录的影响最大,约为 9.5%。该 DNA 甲基化对基因表达的影响是合理的,提示启动子区 DNA 甲基化可能抑制了鸡腹部脂肪组织 *KLF7* 转录。序列分析表明,鸡 *KLF7* 启动子的 PCpG3 ~ PCpG9 位点分别有多个转录因子结合位点(表 10 - 3),DNA 甲基化对 *KLF7* 表达的抑制作用可能部分是通过影响转录因子与 *KLF7* 启动子的结合来实现的,就像关于鸡 *ApoA ~ ApoI* 的报告。

$z1$ 与血液代谢指标无显著相关性。这可能是因为鸡 *KLF7* 的 DNA 甲基化不直接参与血液代谢指标的调节。然而,鸡 *KLF7* 的 DNA 甲基化与血液代谢指标之间是否存在间接关联,尚需进一步研究。

综上所述,鸡腹部脂肪组织的 *KLF7* 转录可能受到启动子中 DNA 甲基化的抑制,并且 PCpG6 的 DNA 甲基化水平可能与 *KLF7* 的转录水平相关(图 10 - 6)。

参考文献

[1] YAO J, ZHANG H, LIU C, et al. miR - 450b - 3p inhibited the proliferation of gastric cancer via regulating KLF7[J]. Cancer Cell International, 2020, 20(47).

[2] NIU R G, TANG Y L, XI Y F, et al. High expression of Krüppel - like factor 7 indicates unfavorable clinical outcomes in patients with lung adenocarcinoma

[J]. Journal of Surgical Research,2020,250:216 – 223.

[3]GUAN F, KANG Z, ZHANG J T,et al. KLF7 promotes polyamine biosynthesis and glioma development through transcriptionally activating ASL[J]. Biochemical Biophysial Research Communcations,2019,514(1):51 – 57.

[4]DING X J, WANG X H, Gong Y M, et al. KLF7 overexpression in human oral squamous cell carcinoma promotes migration and epithelial – mesenchymal transition[J]. Oncology Letters,2017,13(4):2281 – 2289.

[5]SARAH E H, SASKIA P H, GAIL E D, et al. Molecular genetic contributions to self – rated health[J]. International Journal of Epidemiology,2017,46(3): 994 – 1009.

[6]POWIS Z, PETRIK I, COHEN J, et al. De novo variants in KLF7 are a potential novel cause of developmental delay/intellectual disability, neuromuscular and psychiatric symptoms[J]. Clinical Genetics,2018,93(5):1030 – 1038.

[7]CHEN Y C, WEI H, ZHANG Z W. Research progress of Krüppel – like factor 7 [J]. Acta Physiologica Sinica,2016, 68(6):809 – 815.

[8]SUN Y N, WANG W Y, ZHANG Z W, et al. Advance in biological function of Krüppel – like Factor 7(KLF7)[J]. Progress in Biochemistry Biophysics,2017; 44(11):972 – 980.

[9] WU C Y, WANG Y X, GONG P F, et al. Promoter methylation regulates ApoA – I gene transcription in chicken abdominal adipose tissue[J]. Journal of Agricultural and Food Chemistry,2019,67(16):4535 – 4544.